AF462816

L'ALGEBRE EFFECTIONS Geometriques, & partie de l'Exegetique nombreuſe de l'Illuſtre F. Viete.

Traduites de Latin en François, ou eſt adjouté des notes & Commentaires, & quantité de Problemes Zetetiques.

Par N. DVRRET, Coſmographe ordinaire du Roy.

A PARIS.

Aux deſpens de l'Autheur, chez lequel ils ſe vẽdent, & chez Geruais Alliot, au Palais, prez la Chapelle S. Michel, & deuant la Vefue Moreau rue S. Iacques au Globe.

M. DC. XLIV

Auec Priuilege du Roy.

A MONSEIGNEVR, MESSIRE HENRY DESCOVBLEAV DE Sourdis, Archeuesque de Bourdeaux, Primat d'Aquitaine, Conseiller du Roy en son Conseil d'Estat, Bommandeur des O[illegible]es du S. Esprit, &c.

MONSEIGNEVR,

Ie ne doute pas qu'au poinct ou vostre grandeur cherit les sciences qu'elle n'aye agreable que son nom tres-illustre pa-

roisse au frontispice de ce petit liure, que les plus sçauans de ce siecle nomment auiourd'huy par excellence le Liure d'or. C'est l'Isagoge ou introduction sur l'art Analytique de ce grand & incomparable M. Viete, l'honneur de la France pour les Mathematiques, & l'admiration de tous les grands esprits du monde. Je l'ay traduit de Latin en François, ou i'ay adiouté des notes ou commentaires aux lieux ou i'ay estimé estre à propos, comme aussi ses effectiõs Geometriques, auec vne partie de l'Exegetique nombreuse, afin que ceux qui n'entendent pas la langue Latine ne soyent pas frustrez de la co-

gnoissance de cette diuine sciẽ-
ce par laquelle on peut donner
solutiõ de toutes sortes de Problemes tãt Arithmetiques que
Geometriques; d'autant qu'elle resout toutes les equations,
ou égalitez de tous les ordres
ou degrez des puissances, & de
toutes les formes par vne methode generale, vniforme, &
infallible; d'où elle est tenuë
la partie la plus parfaite, la
plus subtile, & plus releuée
des Mathematiques. Ie ne le
puis dedier à personne du
monde qui le merite mieux
que vous (Monseigneur) qui
fauorisez les hommes doctes,
estant leur Mecenas, & qui
m'auez estroitement obligé
toute ma vie à contribuer de

ma part par mes escris (ne le pouuant par autre voye) d'honorer & faire estime des eminentes vertus, & de la generosité de vostre grandeur, la suppliant en toute humilité de me tenir eternellement,

MONSEIGNEUR,

De vostre grandeur,

Le tres humble & tres obeissant seruiteur N. DURRET.

ADVERTISSEMENT au Lecteur.

EN la version de l'art Analytique & des effections Geometriques de ce grand & illustre F. Viete. I'ay suiuy de mot à mot la phrase Latine, sinon en quelque lieux, ou l'Idiome de la langue Françoise ne le permet pas; Car chaque langue à tousiours quelque idiome propre, qui ne conuient en aucune façon auec vne autre langue. Et quant à l'Exegetique nombreuse, ie n'ay pas entierement suiuy la methode de l'Autheur; quoy qu'elle soit vtile pour l'intelligence d'vne nouuelle discipline qu'il a heureusement inuenté, car elle est vn peu plus incommode en la practique que celle que Thomas Harriot Au-

glois a mise en son liure de la pra-
ctique de l'art Analytique, laquelle i'ay en partie suiuy tant à cause de sa brieueté & facilité que de sa forme, laquelle semble porter quant & soy la construction & la demonstration, ne se seruant que des seuls elemens Alphabetiques simples ou composez selon l'exigence du calcul, ou de la raison d'iceluy. Neantmoins ayant consideré la grande brieueté qu'il y a, ce qui la peut rendre obscure à quelques vns, nous auons explicqué tout du long chaque proposition : Mais dautant que la forme de ce liure n'a peu contenir l'ordre & explication conuenable à la resolution du cube quarré quarré &c. nous auons remis cela à vn autre plus ample traicté Dieu aydant, ou nous ferons voir la resolution de tous les ordres des puissances. Et faut noter qu'il y a deux sortes d'Exegetique, l'vne est Arithmetique ou nombreuse, à laquelle appartient le traicté

de la

de la resolution nombreuse des puissances : l'autre est Geometrique par laquelle on fait voir en lignes, ou en autre sorte de grandeurs la mesme quantité, dont est question, & celle-cy appartient proprement aux Effections Geometriques.

Mais pour entendre la signification des elemens de l'Exegetique nombreuse, on remarquera que D signifie tousiours le coefficient, ff, l'homogene à resoudre. En la page 127 *Rac. sing. prec. dec.* signifie Racine singuliere premiere decuplée.

b, signifie tousiours la premiere racine.

C, signifie la seconde racine.

Rac. aug. dec. signifie racine augmentée decuplée. Re. signifie resoudre, ou resolution.

En la mesme page, ligne 17, au lieu de 343, lisez 243.

Extraict du Priuilege du Roy.

PAr grace & Priuilege du Roy, il est permis à Noel Durret Professeur és sciences Mathematiques, de faire imprimer tant de fois, & en telle forme & characteres qu'il desirera les Ephemerides qu'il a composé, & composera cy-apres, comme aussi les autres œuures de Mathematiques qu'il fera, auec defenses à tous Libraires, Imprimeurs & autres de quelque qualité & condition qu'ils soient de les imprimer, vendre, distribuer, extraire, ou en contrefaire aucune chose sans le congé & consentement dudit Durret; auec defenses à tous Marchans tant forains qu'autres d'apporter en ce Royaume celles qui auroient esté imprimées hors iceluy de la composition dudit Durret, en vendre en quelque façon que ce soit pendant le temps & terme de vingt ans à cõpter du iour & date que chacun desdits liures auront esté acheuez d'imprimer, sur peine de confiscation des exemplaires qui seront trouuez, de trois mil liures d'amende, moitié à nous, & l'autre moitié audit Durrer, & de tous despens, dommages & interests, ainsi qu'il est plus amplement contenu és lettres du Priuilege. Donné à Paris le 24. iour de Mars 1637. Par le Roy en son Conseil.

RENOVARD.

Acheué d'imprimer le 7 Ianuier mil six cens quarante quatre.

INTRODVCTION en l'art Analytique de F. Viete.

Chap. I.

IL y a vne certaine maniere de rechercher la verité dans les Mathematiques, laquelle on dit auoir esté premierement inuentée par Platon, & nommée par Theon Analyse, & par luy mesme definie. Assomption du requis comme concedé par les consequences, pour paruenir à vne grandeur, ou quantité vrayement concedée. *Et au contraire le Synthese est l'As-*

ſomption d'vne quantité concedée, par les conſequences continuées iuſqu'à la fin & comprehenſion du requis.

La voye naturelle & principale methode de demonſtrer ſoit Theoreme, ou Probleme, eſt celle par laquelle en compoſant on procede des principes & elemens propres de chaque ſcience par les conſequences continuées iuſqu'à la confirmation de la choſe propoſée; d'où la methode compoſitiue a eſté appellée par les Anciens *Synthetique*. Et d'autant qu'il arriue fort ſouuent qu'en la ſolution des problemes (principalement ceux qui ſe propoſent fortuitement) le Logiſte deſtitué des moyens de prouuer la propoſition ne peut par la voye naturelle du Syntheſe proceder des principes & elemens de la ſcience à rechercher & conclure par raiſonnement la ſolution du probleme: En tel cas le Logiſte prend vne voye retrograde & contraire à la naturelle : car ayant commencé par quelque grandeur ou quantité inconnuë prise comme connuë & donnée, il poursuit continuant les consequences en resoluant iusqu'à ce qu'il vienne en l'egalité de la quantité prise cõme donnée, auec quelque quantité vrayement donnée Et cette methode resolutiue est celle qu'on appelle *Analytique*, qui vien du Grec *ἀναλύω*, qui signifie resoudre. Et faut noter que cette Analyse, dont les anciens Geometres (comme Theon & autres) se seruoient est purement Geometrique, & ne se faisoit pas par les especes, ou elemens Alphabetiques : Mais par des points, lignes, plans, & solides.

Et quoy que les anciens ayent seulement proposé deux especes d'Analyse, la Zetetique, & la Poristique, ausquelles appartient principalement la defini-

tion de Theon, neantmoins i'y ay mis encore vne troisiéme espece, qu'on peut à propos appeller Rhetique, ou Exegetique; afin que la Zetetique soit celle-là, par laquelle on trouue l'égalité ou proportion de la quantité requise auec celles, qui sont données. La Poristique, celle, par le moyẽ de laquelle on examine la verité du Theoréme ordonné touchant l'égalité, ou proportion.

L'exegetique, celle, par laquelle est exhibée la quantité selon l'egalité, ou proportion ordonnée, dont est question. Et partant tout l'art de l'Analyse s'attribuant ce triple office, se doit definir, La doctrine de bien trouuer és Mathematiques, Mais quant à la Zetetique elles'institue par l'art de la Logique, par Syllogismes & Enthymemes, dont les fondemens sont les mesmes Symboles, par lesquels sont concluës les égalitez & proportions: Et ces symboles sont deriuez, tant des communes notions ou axiomes, que des Theoremes ordonnez par la puissance & vertu de l'Analyse.

Or la forme de commencer la Zetetique est par l'art propre. n'exerçant pas sa Logique dans les nombres, qui a esté l'ignorãce des anciẽs Analystes; mais par la Logistique nouuellement induite sous les especes, laquelle est beaucoup plus heureuse, & plus puissante, que la nombreuse pour comparer les grandeurs entr'elles, estant premierement *proposée la loy des Homogenes, & delà estant constituée comme il faut la suite ou échelle solemnelle des grandeurs ascendantes ou descendãtes proportionnellement par leur force d'vn genre à l'autre, par laquelle suite les degrez des mesmes grãdeurs sont designez & distinguez dans les comparaisons.*

Les anciens Analystes faisoient deux especes d'Analyse, l'vne estoit Theorematique, par laquelle on examine la verité du Theoreme proposé. L'autre Problematique, laquelle a deux parties; la premiere, par laquelle on recherche la solution du probleme proposé, s'appelle *Zetetique* : L'autre, qui determine quand, par qu'elle raison, & en combien de manieres se peut faire le Probleme, se nõme *Poristique*, quasi inferente, ou concluante. Et a ces deux especes d'Analyse Mon.

sieur Viete a inuenté la troisiéme, qu'il appelle Rhetique, ou Exegetique, par laquelle la grandeur requise se monstre en continuant, ou changeant le genre de la resolutiō selon l'equation deja constituée par la Zetetique, ou changeant l'espece si en effet elle se peut mōstrer, ou le nombre, si elle se doit expliquer par nombre, dont enfin on tire vne parfaite solution du probleme proposé,

DV SYMBOLE DES égalitez & proportions.

CHAP. II.

L'*Analyse pren & suppose les Symboles des égalitez & proportions les plus cōnus, comme s'ils estoient demonstrez, lesquels se trouuent dans les elemens Geometriques.*

Tels sont ceux-cy. Que,

1. Le tout est plus grand que sa partie.

2. Les choses égales à vne mesme sont égales entr'elles.

3. Si a choses égales on adioûte choses égales, les tous sõt égaux.

4. Si des choses égales on oste choses égales, les restes sõt égaus

5. Si choses égales sont multipliées par choses égales, les produits sont égaux.

6. Si choses égales sont diuisées par choses égales, les quotients sont égaux.

7. Les choses, qui sont directement proportionnelles, le sont aussi inuersement, & alternatiuement.

8. Si l'on adioûte des grandeurs proportioneles semblables à d'autres grandeurs, les touts sont proportionaux.

9. *Si l'on oste des grandeurs porportioneles semblables à d'autres grandeurs, les restes sont proportionaux.*

10. *Si l'on multiplie des grandeurs proportioneles par d'autres grandeurs proportioneles, les produits sõt proportionaux.*

11. *Si l'on diuise des grandeurs proportioneles, par d'autres grandeurs proportioneles. les quotiens seront proportionaux.*

12. *L'égalité, ou proportiõ n'est point changée par le commun multiplicateur, ou diuiseur.*

13. *Les produits, ou rectangles faits sous chaques segmens sont égaux à ce qui est fait sous la toute.*

14 *Les produits faits continuelement sous quelques grandeurs, où ce qui vient de leur continuelle application, sont*

égaux, en quelque ordre des grandeurs que la multiplicatiõ, ou diuision soit faite. Et celuy-cy est le principal symbole & fondement des égalitez & proportions, & de grande consideration aux Analyses.

15. S'il y a trois ou quatre grãdeurs, ce qui se fait sous les extremes, est égal à ce qui se fait sous cel'e du milieu en soy, ou sous les entre-moyennes, sont proportioneles. Et au cõtraire.

16. S'il y a trois ou quatre grãdeurs, & que la premiere soit à la seconde, comme la seconde, ou quelque troisiéme à vne autre, ce qui se fait sous les termes extremes sera égal à ce qui se fait sous les moyens. Et partant la proportion se peut dire constitution d'égalité; & l'égalité esolution de proportion.

DE LA LOY DES Homogenes, ensemble des degrés & genres des grandeurs comparées.

Chap. III.

Voicy la premiere & perpetuele loy des égalitez ou proportions, laquelle estant cõceuë & entenduë des Homogenes, est nommée la loy des Homogenes.

Les Homogenes doiuent estre comparés aux Homogenes.

Car les choses Heterogenes, ou de diuers genre, en quelque façon qu'elles soyent adfectées (ou comparées) ne peuuent estre cognuës, comme disoit Adraste. Parquoy,

1. Si l'on adiouste vne grandeur à vne grandeur, celle-cy est homogene à celle-là.

2. Si l'on soustrait vne grandeur, d'vne grandeur, celle-cy est homogene à celle-là.

3. Si l'on multiplie vne grandeur par vne grandeur, ce qui en vient est heterogene à celle-cy, & à celle-là.

La raison est que la multiplication estant la cause principale de la variation des genres, le produit obtient vn genre superieur à celuy des multiplicateurs: Car la ligne multipliée par la ligne, produit la superficie: & la superficie multipliee par la ligne, produit le solide: & partant chacune des grandeurs tant multipliantes, que multipliées est heterogene au produit. Tellement que la multiplicatiõ des grandeurs est la generation, ou production d'vn genre prochain plus esleué que celuy des grandeurs multipliantes.

Et faut noter que les grandeurs soit homogenes, ou heterogenes se peuuent indiferemment multiplier entr'elles.

4. *Si l'on applique vne grandeur à vne grandeur, celle-cy est heterogene à celle-là.*

Tout ainsi que par la multiplication des grandeurs est produit vn genre superieur à celuy des multiplications; de mesme par l'application, (ou diuision) qui est le contraire de la multiplication, le genre de la grandeur engendrée de l'application deuient inferieur au genre de la grãdeur appliquée Et faut noter que le genre de la grandeur engendré peut estre ou homogene, ou heterogene au genre de la grandeur, à laquelle est faite l'application Car la ligne peut estre diuisée en plusieurs parties, qui seront homogenes à la ligne diuisée, Que si le genre de la grandeur engendrée est homogene, ce ne sera pas vne application; Mais vne diuision: car l'application differe de la diuision, en ce que le genre de la grandeur engendrée, ou quotient, est tousiours heterogene au genre de la grandeur appliquée; mais au contraire le quotient de la diuision est tousiours homogene au genre de la grandeur diuisée.

La cause de la grande obscurité, & aueuglement des anciẽs Analystes, est qu'ils n'ont pas pris garde à ces choses icy.

Car ils adioutoient, ou soustrayoient indifferemmẽt les grandeurs les vnes auec les autres, sans considerer si elles estoient de mesme genre ou de diuers, comme vn quarré auec son costé, vne ligne auec vne superficie &c.

Les grandeurs scalaires dont traitte l'autheur, respondent aux nombres Cossiques, ou denommez de l'algebre commune; toutesfois il y a quelque difference en l'vſage & application; Car ils ne conuiennent enſemble que iuſqu'au quarre quarré, qui reſpond au quatrieſme terme de la progreſſion naturelle Aritmetique, & different au cinquieſme terme, qu'ils nomment *ſurſolide*, au ſeptieſme, *biſurſolide*, & ainſi qu'on peut voir en l'Algebre de Clauius pag. 7 ch. 2. & en tous les autres qui ont traicté de l'Algebre commune: Voicy les characteres coſſiques, dont on ſe ſert en l'Algebre ſpecicuſe.

Progr. Arithm.	Progr. Geom.	Progr. Geom.	Caract. Cossiques.	Caract. Cossiques.
1	2	3	r *ou*	a
2	4	9	q	aa
3	8	27	c	aaa
4	16	81	qq	aaaa
5	32	243	qc	&c.
6	64	729	cc	
7	128	2187	qqc	
8	256	6561	qcc	
9	512	19683	ccc	

Les nombres de la premiere colomne notée Progr. Arithmetique sont les exposans des caracteres cossiques; car ils monstrent l'ordre ou la quantiésme des proportionnelles depuis la premiere, dont l'exposant

posant est 1. comme par exemple, l'exposant 4. monstre que 16 ou 81 est la quatriéme proportionelle, à quoy correspond le carractere cossique aqq. Et faut noter que les progressions Geometriques ou suite de nombres continuellement proportionaux, commencent au premier terme qui suit l'vnité, sçauoir en a, qui est la racine ou costé des proportionelles suiuãtes; à cause qu'il n'y a aucune quantité continuë, qui corresponde à l'vnité. Cecy est fondé sur la 8. p. 9.

La derniere proportionele ou plus haut degré s'appelle la *puissance*, du costé a : & toutes les grandeurs qui sont depuis le costé a iusqu'à la puissance, se nomment degrez parodiques à la puissance; ainsi le costé & le quarré sont les degrez parodiques au cube. Et faut noter que si le costé ou premier degré parodique est vn nombre quarré, tous les degrez parodiques seront quarrez, mais s'il est cubé, tous les autres seront aussi cubes, par la 9 p 9.

2. *Les grandeurs, qui montent ou descendent de leur propre puissance proportionelement du genre au genre sont appellées* Scalaires.

3. *La premiere des grandeurs scalaires est,*

1. *Le costé ou racine.*
2. *Le quarré.*
3. *Le cube.*
4. *Le quarré-quarré.*
5. *Le quarré cube.*
6. *Le cube cube.*
7. *Le quarré quarré-cube.*
8. *Le quarré cube-cube.*
9. *Le cube-cube-cube.*

Et ainsi consequemment des autres.

Les genres des grandeurs, comparées, qui s'enõçent d'ordre comme il a esté dit des scalaires, sont

1 *La longueur ou largeur.*
2. *Le plan, ou surface.*
3. *Le solide.*
4. *Plan-plan.*
5. *Plan solide.*
6. *Solide solide.*
7. *Plan-plan solide.*
8. *Plan solide solide.*
9. *Solide solide solide.*

Et ainsi consequemment des autres.

Le degré plus esleué de la suite des scalaires, auquel consiste la grandeur comparée prouenante du costé, est appellé, Puissance.

Les autres scalaires infe-

rieures sont les degrez parodiques à la puissance.

La puissance est pure, quand elle n'est point affectée.

La puissance affectée est celle, où l'homogene est meslé, sous le degré parodique à la puissance, & la grandeur coeficiente adiointe.

Les grandeurs adiointes sous lesquelles, & le degré parodique se fait quelque homogene à la puissance pour l'affecter sont nommées sous-graduelles.

La puissance pure est le quarré, le cube, le quarré-quarré, le quarré cube, &c.

Mais la puissance affectée, est le quarré plus le plan, sous le costé par la longitude, ou latitude, au second degré, ou

1. Le cube plus le solide sous le quarré par la lõg tude ou latitude,

2. Le cube, plus le ſolide ſous le coſté par le plan.

3. Le cube, ſous le doub'e ſolide, l'vn ſous le quarré par la longitude ou latitude, l autre ſous le coſté par le plan ; au troiſieſme degré,

Que ſi l'on veut ſçauoir combien il y a de ſortes de puiſſances en chaque degré. Faut prendre le nõbre moindre que l'vnité en la progreſſion double cõmençant à l'vnité, qui eſt le terme du meſme ordre que la puiſſance du degré propoſée. Comme ſi l'on veut ſçauoir combien il y a de puiſſances affectées, au quatrieſme degré, il faut prendre le quatrieſme terme de la progreſſion double, ſçauoir 8. dont oſtant l'vnité, reſte 7. & partant il y a tout autant de puiſſances affectées au quatrieſme degré, ſçauoir,

1. Le quarré-quarré plus le plan plan ſous le cube par la longitude ou latitude.

2 Le quarré-quarré plus le plan plan, ſous le quarré par le plan.

3. Le quarré quarré, plus le plan-plan du costé par le solide.
4. Le quarré quarré plus le double plan plan, l'vn du cube par la longitude ou latitude; l'autre du quarré par le plan.
5. Le quarré-quarré plus le double plan, l'vn du cube par la longitude ou latitude, l'autre, du costé par le solide.
6. Le quarré-quarré plus le double plan-plan, l'vn du quarré par le plan, l'autre du costé par le solide.
7. Le quarré quarré plus le triple plan-plan; premierement du cube par la longueur, ou largeur; secondement du quarré par le plan; tiercement du costé par le solide.

Par le mesme ordre l'on trouuera les puissances affectées és autres degrez de l'eschelle.

Les grandeurs sous-graduelles, sont la longueur ou l'argeur, le plan, le solide, &c. comme s'il y a vn quarré quarré, auquel soit meslé le plan-plan fait du costé par le solide, le solide sera la grandeur sous graduelle, & le costé sera le degré parodique au quarre quarré: ou biẽ s'il y a vn quarre-quarré ioint à vn double plan plan, l'vn du quarré par le plan, & l'autre du costé par le solide: le plan & le solide seront les grandeurs sous graduelles, & le quarré & le costé, seront les degrez parodiques au quarre quarré.

DES PRECEPTES DE LA Logistique specieuse.

Chap. IV.

LA Logistique nombreuse est celle, qui se fait par les nombres; la specieuse, par les especes, ou formes des choses, comme par les elemens Alphabetiques.

Il y a quatre preceptes de la Logistique specieuse, comme de la nombreuse.

PRECEPTE I.

Adioûter vne grandeur à vne grandeur.

Soient deux grandeurs A, & B, & il faut adioûter l'vne auec l'autre.

Veu donc qu'il faut adiouster vne grandeur à vne grandeur, & que les grandeurs homogenes n'affectent pas les Heterogenes; les deux grandeurs proposées à adiouster sont homogenes. Or est-il que plus ou moins ne font pas diuers genre. Parquoy on les adioûtera cõmodement par la marque, ou signe de l'adionction, & leur somme sera A, plus B, d'autant que ce sont des simples longueurs ou largeurs.

Mais

Mais si elles montent par l'eschele exposée, ou communiquent leur genre à celles qui montent, elles seront marquées de leur denomination conuenables; ainsi on dira A, quarré plus B, plan: ou A cube plus B, solide, & ainsi des autres.

Les Analystes ont accoustumé de denoter l'affection de l'aionction par ce signe +

PRECEPTE II.

Soustraire vne grandeur d'vne grandeur.

Soient deux grandeurs A & B, dont celle là est la plus grande, & celle-cy la moindre. Il faut oster la moindre, de la plus grande.

Veu donc qu'il faut oster vne

grandeur d'vne grandeur; Mais les grandeurs homogenes n'affectent pas les heterogenes, & les deux grandeurs proposées sont homogenes. Or plus, ou moins ne constituent pas diuers genres.

Parquoy l'on ostera commodement la moindre de la plus grande par la marque ou signe de disionction, ou priuation, & le reste sera A moins B, d'autant que ce sont des simples longueurs ou largeurs.

Mais si les grandeurs montent par l'eschelle exposée ou communiquent le genre à celles qui monstent, elles seront notées de leur denomination conuenable, ainsi on dira. A quarré moins B plan, ou A cube plus B solide, & ainsi des autres.

L'operation ne se fait pas autrement, quoy que la grandeur à soustraire soit affectée; car le tout n'est pas d'vne autre nature que ses parties, comme s'il faut oster B *plus* D, *de* A, *le reste sera* A *moins* B *moins* D, *ostant les grādeurs* B *&* D, *chacune à part.*

Mais si on nie la grandeur D, *de celle de* B, *& qu'il faille oster* B, *moins* D, *de* A, *le reste sera* A *moins* B, *plus* D; *parce qu'en ostant la grandeur* B, *on oste plus qu'il ne faut de la grādeur* D; *& partant elle est compensée par l'addition d'icelle.*

Les Analystes ont accoustumé de denoter l'affection de la priuation par ce signe —. *cette affection est nommée par Diophante* λεῖψις *diminution.*

comme l'affection d'adionction vray signe augmentation.

Or quand il n'est proposé laquelle des grandeurs est maieure, & que neantmoins il faut faire la soustration, la marque de difference est ═══, c'est à dire moins, en incertitude, comme estant proposé A quarré & B plan, la difference sera A quarré ═══ B plan, ou B plan ═══ A quarré.

PRECEPTE III.

Multiplier vne grandeur par vne grandeur.

Soient deux grandeurs A & B, il faut multiplier l'vne par l'autre.

Veu donc qu'il faut multiplier vne grandeur, par vne grandeur elles feront par leur multiplication vne grandeur, qui leur sera heterogene : & partant ce qui se fait sous icelles sera commodément designé par le mot en ou sous, ou plustost par, comme A par B par lequel il est signifié que cette grandeur a esté multipliée par celle là, ou comme disent les autres, a esté faite sous A & B, & cela s'entend simplement ; puisque A & B sont simples longueurs, ou largeurs.

Mais si elles montent en l'eschelle, ou leur communiquent le genre, il faut employer les mesmes denominations des scalaire, ou de celles, qui leur communiquent le genre, comme A quarré en B. ou A quarré en B plã ou solide, & ainsi des autres.

Que si les grandeurs a multiplier sont de deux ou plusieurs noms, il n'arriue rien pour cela de diuers en l'operation: d'autant que le tout est égal à ses parties, & partant ce qui se fait sous les segments de quelque grandeur est égal à ce qui se fait de la toute.

Et quand on multipliera le nom affirmé d'vne grãdeur par le nom affirmé d'vne autre grãdeur, ce qui en viendra sera affirmé; & multipliant par le nom diminué; ce qui en viendra sera diminué.

De ce precepte s'ensuit aussi que par la multiplication des noms nies de l'vn par l'autre, se fait vne affirmé, cõme quand A — B est multiplié par D — G, d'autant que ce qui est fait de l'affirmée A en G, niée demeure nié ; ce qui est de rechef trop nier : puisque la grãdeur à multiplier, A n'a pas esté produite exactement, & pareillement ce qui se fait de la niée B par D, affirmée, demeure nié ; parce que la grandeur D, à multiplier n'a pas esté produite exactement. Et pource en cõpensation, lors qu'on multiplie B, niée par G niée, ce qui s'en fait est affirmé.

Les denominations des produits faits par les grandeurs qui montent proportionellement du gẽre au genre sont ainsi.

Le costé multiplié par soy mesme, produit le quarré.

Le costé par le quarré, produit le cube.

Le costé par le cube, produit le quarre-quarré.

Le costé, par le quarré-quarré, produit le quarré cube.

Le costé par le quarré cube, produit le cube cube.

Et en permutãt, c'est àdire, que,

Le quarré par le costé, fait le cube.

Le cube par le costé, fait le quarre-quarré, &c.

Derechef,

Le quarre par soy mesme fait le quarre-quarré.

Le quarré, par le cube, fait le quarré cube.

Le quarré par le quarre-quarré, fait le cube cube.

Et en permutant. Derechef.

Le cube par soy mesme, fait le cube cube.

Le cube par le quarre-quarré, fait le quarré-quarre cube.

Le cube par le quarre cube, fait

le quarré cube cube.

Le cube par le cube cube, fait le cube cube cube.

Et en permutant, & consequemment de mesme ordre.

Semblablement aux homogenes.

La largeur par la longueur, produit le plan.

La largeur par le plan, fait le solide.

La largeur par le solide, fait le plan-plan.

La largeur par le plan-plan, fait le plan solide.

La largeur par le plan solide, fait le solide solide.

Et en permutant.

Le plan par le plan, fait le plan-plan.

Le plan par le solide, fait le plan solide.

Le plan par le plan plan, fait le solide solide.

Et en permutant.

Le solide par le solide, fait le solide solide.

Le solide par le plan-plan, fait le plan plan solide.

Le solide par le plan solide, fait le plan solide solide.

Le solide par le solide solide, fait le solide solide solide.

Et en permutant. Et ainsi cõsequemmẽt d'vn mesme ordre.

PRECEPTE IV.

Appliquer vne grandeur à vne grandeur.

C'est à dire diuiser vne grandeur par vne autre.

Soient les deux grandeurs A *&* B *& il faut appliquer l'vne à l'autre.*

D'autant qu'il faut appliquer vne grandeur à l'autre, & que les plus hautes s'appliquẽt aux plus basses, les homogenes, aux eterogenes.

Les grandeurs proposées sont heterogenes. Soit donc A vne longueur, & B vn plan. Parquoy l'on mettra commodemẽt vne petite ligne entre B plus esleuée, laquelle est appliquée, & A plus abbaisée, à laquelle se fait l'application.

Mais ces mesmes grandeurs seront aussi denõmées de leurs degrez, ausquels elles sont ioinctes, ou bien de ceux ausquels elles sont portées en l'eschele des proportions, ou des homogenes, comme $\frac{B \text{ plan}}{A}$.

Par lequel signe est signifiée

la largeur, que fait B *plan appliqué à la longueur* A.

Et si B *est posé cube, &* A *plã, on fera* $\frac{\text{B cube.}}{\text{A plan.}}$

Par lequel signe est signifiée la largeur, que fait B *cube appliqué à* A *plan.*

Et si B *est posé cube, &* A *longueur, on fera* $\frac{\text{B cube.}}{\text{A}}$

Par lequel signe est denoté le plan, qui se fait de l'applicatiõ de B *cube à la grandeur* A, *& ainsi d'ordre à l'infini.*

Et l'on ne trouuera rien de different dans les grandeurs binomies, ou polynomies.

Les denominations des engendrez de l'application des grandeurs, qui montent proportionellement de degré en degré d'vn genre à l'autre, sont telles,

Le quarré appliqué au costé restituë le costé.

Le cube applique au costé restituë le quarré.

Le quarré-quarré appliqué au costé, restituë le cube.

Le quarré cube appliqué au costé, restituë le quarre quarré.

Le cube cube appliqué au costé, restituë le quarré cube.

Et en permutant, c'est à dire que le cube appliqué au quarré restituë le costé. Le quarre-quarré, le cube, &c.

De rechef, le quarre-quarré appliqué au quarré restituë le quarré.

Le quarré cube appliqué au quarré cube, restitue le cube.

Le cube cube appliqué au quarré reſtitue le quatre quarré.

Et en permutant. De rechef.

Le cube cube appliqué au cube reſtitue le cube.

Le quarre-quarré cube appliqué au cube, reſtitue le quarre-quarré.

Le quarré cube cube appliqué au cube, reſtitue le quarré cube.

Le cube cube cube appliqué au cube, reſtitue le cube cube. Et en permutant, & ainſi conſequemment d'vn meſme ordre.

Pareillement es homogenes,

Le plan appliqué à la largeur, reſtitue la longueur.

Le ſolide appliqué à la largeur, reſtitue le plan.

Le plan-plan appliqué à la largeur, reſtitue le ſolide.

Le plan ſolide appliqué à la largeur, reſtitue le plan plan.

Le solide solide appliqué à la largeur, restitue le plan solide. Et en permutant.

Le plan plan appliqué au plan, restitue le plan.

Le plan solide appliqué au plan, restitue le solide.

Le solide solide appliqué au plan, restitue le plan-plan. Et en permutant.

Le solide solide appliqué au solide, restitue le solide.

Le plan-plan solide applique au solide, restitue le plan plan.

Le plan solide solide applique au solide, restitue le plan solide

Le solide solide solide appliqué au solide, restitue le solide solide. Et en permutant, & ainsi consequemment d'vn mesme ordre.

Au reste, l'application nempesche pas que les preceptes n'ayent lieu, soit ez aditions & soustractions des grandeurs, soit ez multiplications & diuisiõs, cecy consideré que quand en l'application, la grandeur tant la plus esleuee que la plus abbaissee est multipliee par vne mesme grandeur, pour celà on n'adioûte ou soustraict rien au genre, ou à la valeur de la grandeur, qui vient de l'application d'icelle: Car ce que la multiplication, a fait de plus, le mesme a esté resolu ou diminué par la diuision. Cõme $\frac{\text{B par A}}{\text{B}}$, c'est à dire A. Et $\frac{\text{B par A plan}}{\text{B}}$, est A plan.

Parquoy ez additions qu'il faille adioûter Z auec $\frac{\text{A plan}}{\text{B}}$, la somme sera $\frac{A\ pl. + Z\ en\ B.}{B}$

Ou, qu'il faille adiouster $\frac{Z\ quarré}{G}$ auec $\frac{A\ pl.}{B}$ la somme sera $\frac{G\ par\ A\ pl. + B\ par\ Z\ q.}{B\ par\ G}$

Ez soustractions, qu'il faille oster Z, de $\frac{A\ pl.}{B}$ le reste sera $\frac{A\ pl. + Z\ par\ B.}{B}$

Ou qu'il faille soustraire $\frac{Zq.}{G}$ de $\frac{A\ pl.}{B}$ le reste sera $\frac{A\ pl.\ par\ G + Zq.\ par\ B}{B\ par\ G}$

Ez multiplications, qu'il faille multiplier $\frac{A\ pl.}{B}$ par B. le produit sera A plan.

Ou, qu'il faille multiplier $\frac{\text{A pl.}}{\text{B}}$ par Z. le prod. sera $\frac{\text{A pl. par Z.}}{\text{B}}$

Ou finalement, qu'il faille multiplier $\frac{\text{A pl. par Z q.}}{\text{B par G}}$ le produit sera $\frac{\text{A pl. par Z q.}}{\text{B par G}}$

Ez applications, qu'il faille appliquer $\frac{\text{A cube}}{\text{B}}$, à D, ayant multiplié l'vne & l'autre grandeur par B, le quotient sera $\frac{\text{A cube.}}{\text{B par D.}}$

Ou, qu'il faille appliquer B par G, à $\frac{\text{A pl.}}{\text{D}}$ ayant multiplié l'v-

ne & l'autre grandeur par D, le quotient sera $\frac{B \text{ par } G. \text{ par } D.}{A \text{ plan.}}$

Ou finalement, qu'il faille apliquer $\frac{B \text{ cube}}{Z}$ *à* $\frac{A \text{ cube}}{D \text{ pl.}}$, *le quotient sera* $\frac{B \text{ cube par } D \text{ pl.}}{Z \text{ par } A \text{ cube.}}$

Afin de ne laisser aucun doute au lecteur studieux, nous mettrons icy quelques obseruations sur chaque precepte auec leurs exemples conuenables.

Obseruation I.

Sur le premier precepte.

S'il y a plusieurs grandeurs de mesme charactere à adiouster ensemble, l'addition se fait comme aux nombres absolus Ainsi 3 a & 2 a font 5 a.

Que s'il faut adioûter deux *a*, auec bc ensemble leur somme sera $2a + bc$.

Exemples de l'addition.

aa		aaa
bc		bcc
$2a + bc$	somme	$3a + bcc$.

Ou ainsi

$$\begin{array}{c} 3a \\ b2c \\ \hline \end{array}$$

somme $3a + b2c$.

Obseruation 2.

Si les grandeurs a adioûter sont composées, l'addition aux mesmes signes produit mesme signe; Mais si les signes sont diuers, l'addition deuient soustraction & le reste à le signe de la plus grande grandeur. Comme on voit en ces exemples suiuans.

En mesmes signes.

	a + b	a + b
	c + d	c + b
somme	a + b + cd.	a + c + 2b.
	a — b	a — 3b
	a — b	a — b
somme	2a — 2b	2a — 4b.

En divers signes.

	a + b	a + b
	a — d	a — b
somme	a + b + c — d	2a.

Il faut noter qu'aux grandeurs, qui n'ont pas le signe — il y faut conceuoir le signe +

Obseruation I.

Sur le 2. precepte de la soustractiõ.

La soustraction des mesmes grandeurs se fait comme aux nombres absolus, & celle des diuerses grandeurs, en interposant le signe — comme on voit aux exemples suiuants.

	2 a	3 a
soustr.	bc	b 2 c
reste	2 a — bc	3 a — b 2 c

Obseruation 2.

Si les grandeurs à soustraire sont composées, ayant chãgé les signes en leurs contraires, soit faite l'addition comme cy deuant; pourueu que cette grandeur à soustraire ne soit moindre que celle dõt on a fait la soustraction: comme on voit és exemples suiuans.

	a + bd	a + 2d
soustr.	a + dq	b + 1d
Reste	bd — dq	a — b + d

$3a - 6b$	$a - b$	$a + 2b$
$a - b$	$c - 3b$	$c + 3b$
$2a - 5b$	$a - c + 2b$	$a - c - b$

$a - d$	$b - 5a$	$a + b$
$b + 3d$	$b - 8$	$c + b$
$a - b - 4d$	$- 13a$	$a - c$

Sur la Multiplication.

S'il faut multiplier, deux lettres l'vne par l'autre, il ne faut que les ioindre ensemble, comme font M. Harriot, des cartes & autres. Comme pour multiplier A par *B*, l'escris *ab*. Item *a* cube, par *aq* produit *aqc*, qui signifie, *a* quarré de cube. Et si l'on multiplie deux lettres semblables l'vne par l'autre, elles produiront vn quarré; Car la multiplication des mesmes characteres se fait en adioûtant les exposans ensemble. Et si l'on en multiplie trois semblables, elles produiront le cube, si l'on en multiplie quatre, elles produiront le quarre-quarré &c On l'obserue principalement en la pratique des Exegetiques, ainsi multiplians *a* par *a*, produit *aa*, ou quarré ; parce que l'exposant d'vn *a*, qui est 1, representant le costé ou racine, estant adioûté à l'autre *a*, qui est aussi 1, fait 2, exposant, du quarré. Parquoy *a* multiplié par *a* produit *a* quarré, & *b* multiplié par *b*, produit aussi *b* quarré & ainsi des autres lettres. De mesme multipliant deux *aa*, par *a*, ou *ff* par *f* produit aaa, ou *fff*, qui signifie le cube &c. Mais il faut sur tout bien noter cette regle commune.

Que les signes semblables produisent +

Et les dissemblables produisent —

a + b

Exemples par + & —

$$\begin{array}{r} a + b \\ a + b \\ \hline + ab + bb \\ aa + ab \\ \hline aa + 2ab + bb \end{array} \qquad \begin{array}{r} a - b \\ a - b \\ \hline - ab + bb \\ aa - ab \\ \hline aa - 2ab + bb \end{array}$$

$$\begin{array}{r} b - a \\ b - a \\ \hline - ab + aa \\ bb - ab \\ \hline bb - 2ab + aa \end{array} \qquad \begin{array}{r} b + a \\ b - a \\ \hline - ab - aa \\ bb + ab \\ \hline bb - aa \end{array}$$

$$\begin{array}{c} b + c + d \\ \hline ab + ca + da \end{array}$$

Le produit du premier exemple signifie *a* quarré plus deux rectangles faits sous *a* en *b* + *b* quarré.

Le produit du 2. exemple, signifie aq, moins deux rectangles sous ab. plus b quarré.

Le produit du 3. exemple signifie b quarré, moins deux rectãgles sous ab, plus a quarré.

Ou faut noter que si aux plus grãds termes est proposé le signe —, le quarré de la grandeur sera moindre que rien: Car posant que a soit 6, & b 4. le quarré de $a-b$, ou 6. — 4 sera 4; Mais le quarré de b — a, ou 4 — 6 sera moindre que rien. Et partant si l'on connoit que a soit moindre que b, on ne doit pas multiplier a — b par soy; à cause qu'il produiroit vne grandeur, au lieu d'vne autre moindre que rien, & par ainsi causeroit de l'erreur en la pratique des equations.

Sur la diuision.

Il faut noter que quand on diuise deux lettres par l'vne d'icelles, qu'il vient au quotient l'vne des deux, Comme si l'on diuise ab par *b*; le quotient est *a*. La raison est que les deux lettres ensemble representent vn rectangle, dont *a*, est vn costé d'iceluy, & *b*, l'autre. Et si l'on diuise *ab* par *a*, le quotient sera *b*, & diuisant *ab* + *ad*, par *a*, le quotient sera *b* + *d*.

Mais voulant diuiser 3ac + 2bc + 4cc — 3ad — 2bd — 4cd, par 3a + 2b + 4c, le quotient sera c — d. La pratique en est telle.

Ayant mis le diuiseur sous le diuidende, ie diuise 3ac par 3a, le quotient est c, que ie multiplie par le diuiseur, le produit est 3ac + 2bc + 4cc, lequel estant osté du diuidende, le reste est — 3ad — 2bd — 4cd, que ie diuise de rechef par 3a, & vient — d, que ie multiplie aussi par le diuiseur, le produit est — 3ad — 2bd — 4cd, que ie soustrais de ce qui restoit au diuidende, & ne reste rien.

Il faut noter que cette operatiõ est plus curieuse que necessaire: d'autant qu'il arriue fort rarement qu'on puisse faire de semblables diuisions; car il reste le plus souuent quelques termes dans le diuidende, qui ne peuuent estre diuisez: C'est pourquoy, nostre autheur enseigne vne voye generale, qui est d'écrire le diuiseur sous le diuidende en mettant vne ligne entre deux à la façon des fractions en l'Arithmetique commune.

DES LOIX, OV REGLES Zetetiques.

Chap. V.

La forme & maniere d'accomplir le zeteze est contenuë presque en ces regles.

S'Il est question d'vne longueur, & que l'égalité, ou proportion soit cachée sous les enuelopes des choses, qui sont proposées, soit posé vn costé, pour la longueur requise.

2. S'il est question d'vn plan, & que l'egalité, ou proportion soit cachée sous les enuelopes des choses proposées, soit posé vn quarré pour le plan requis.

3. S'il est question d'vn solide, & que l'egalité, ou proportion soit cachée sous les enuelopes des choses proposées, soit posé vn cube pour la solidité requise. La grandeur dont est question montera donc par sa force & puissance, ou descendra par quelsconques degrez des grandeurs comparées.

4. Les grandeurs tant données que requises soient examinées & comparées selon la condition assignée à la question

en adioustant, soustrayant, multipliant, & diuisant, gardant par tout la loy des homogenes. Il est donc euident qu'enfin on trouuera quelque chose d'égal à la grandeur dont est question, ou à sa puissance vers laquelle elle montera. Et cela se fait totalement sous les grandeurs données, où en partie sous les grãdeurs données, & la grandeur inconnuë requise, ou son degré parodique à la puissance.

5. Et pour apporter quelque artifice, & facilité a cet œuure, il faut distinguer & separer les grandeurs données d'auec celles que l'on cherche, par vne marque ordinaire, perpetuelle & bien apparente, sçauoir est, en notant les grandeurs cherchées par la lettre A, ou autre, voye-

les, E, I, O, V, Y, *& les grandeurs données par des consones* B, G, D, *ou autre consone.*

Toutesfois on en excepte le Q & le C. qu'on employe à la signification des grandeurs scalaires: R, S, seruent tousiours à designer les proportions données, comme on verra aux problemes zetetiques.

6. *Soient adioustez les produits sous les grandeurs données l'vn à l'autre, ou ostez l'vn de l'autre selon la marque de leur affection, puis soient assemblées en vn produit, lequel soit nommé l'homogene de comparaison, ou sous la mesure donnée, qui fera vne partie de l'equation.*

7. *Pareillement les produits sous les grandeurs données, & le mesme degré parodique à la*

puissance soient adioûtez l'vn à l'autre, ou soustraits selon la marque de leur affection, & assemblées en vn produit, lequel soit nommé l'homogene de l'affection, ou contenu sous le degré.

Cet article, & le suiuant s'entendront facilement par le 9.

8. *Les homogenes sous les degrez doiuent accompagner la puissance qu'ils affectent, où celle par laquelle ils sont affectez, & faire auec cette mesme puissance l'autre partie de l'équation: Et partant l'homogene sous la mesure donnée sera énoncé de la puissance designée par son genre, ou par son ordre, sçauoir purement, si la puissance est pure, ou exépte d'affectiõ; si ce n'est que les homogenes*

des affections l'acompagnent, étant indiquée, tant par la marque d'affection, que du degré auec la mesme grandeur adjointe, laquelle coaffecte auec le degré.

9. *Et pource s'il aduient que l'homogene sous la mesure dõnée soit meslé de l'homog. sous le degré, soit faite l'antithese.*

L'Antithese, *ou transposition se fait quand les grandeurs affectantes, ou affectées passent d'vne partie de l'equation en l'autre, sous vne marque d'affection contraire.*

L'autheur prend icy le mot d'Equation, pour égalité, ou proportion: Mais au 8. ch. il le definit specialement ainsi. Equation est la cõparaison d'vne grandeur incertaine auec vne certaine, ou connuë. La grandeur inconnuë est vne racine, ou quelque puissance.

La grandeur certaine à laquelle les autres grandeurs sont cõparées s'appelle homogene de la comparaison, qui fait tousiours vne partie de l'équatiõ, & le reste fait l'autre partie.

Comme en cette equation.

aq +— ab *ég.* dq.

dq. Est l'homogene de cõparaison.

aq. Est la puissance, vers laquelle la grandeur inconnue *a* monte par sa propre force & vertu.

a Est le degré parodique à la puissance.

+— ab, Est l'homogene d'affectiõ, ou grandeur affectante *a*. est le degré paropique à la puissance.

b. Est le sousgraduel, ou coefficiẽt, qui est vne grandeur donnée, sous laquelle & le degré parodique est contenu l'homogene, par lequel la puissance est affectée. Cecy se verra amplement au 8. ch.

Et par cette transposition l'égalité n'est point changée. Mais il le faut demontrer en passant.

PROPOSITION I.

Que l'égalité n'eſt point chã-gée par l'antitheſe.

SOit propoſé aq — d*pl*. *ég*. gq — ba, c'eſt à dire *a* quarré moins *d* plan, eſtre égal à g quarré moins b multiplié par *a*. *Ie dy que* aq + b a ég. gq + d *pl*. *& par cette tranſpoſition ſous vne marque d'affection contraire l'égalité n'eſt point changée: Car d'autant que* a q + *dpl*. ég. gq — ba, *Qu'on adiouste de part & d'autre* d *pl*. + ba. *Donc par la commune notion* aq — d *pl*. + d *pl*. + ba ég. gq — *ba* + d*pl* + *ba*. *Maintenant que l'affection niée en vne meſme partie de l'équation deſtruiſe* *l'affirmée: l'affection de* d *pl. s'euanoüyra en vne partie de l'equation, & l'affection de* ba, *en l'autre, & restera* aq + ba *ég.* gq + d *pl.*

L'antithese a esté inuentée pour disposer & reduire l'equation en sorte que la grandeur qu'on cherche, ou sa puissance, auec tous les degrez parodiques, face vne partie de l'equation. & les homogenes de comparaison, ou les grandeurs donées l'autre. Mais afin de mieux conceuoir cette antithese, il faut ainsi disposer les termes.

	aq — d pl *ég.* gq — ba
ant.	+ ba + d pl + ba + d *pl.*

	aq + ba *ég.* gq + d pl.
antit.	a — ba — ba

Equat. red. aq *ég* gq + d pl — ba.

I'adiouste donc premierement à chaque partie de l'equation + ba

+— d pl la somme est aq +— ba ég. gq +— d pl. Car — d pl. & +— d pl. s'entredestruisent ; comme aussi — ba, & +— ba & ostant — ba, de chaque partie de l'équation, il reste aq. (qui fait maintenant vne partie de l'équation) égal à tout le reste,

Autre exemple.

2 a +— b *ég*. d

antit. — b — b

Equat reduite. 2 a *ég*. d — b

10. *Et s'il arriue que toutes les grandeurs données soyent multipliées par le degré, & que pour cela l'homogene sous la mesure donnée ne se presente à mesme temps ; alors il faudra faire l'hypobibasme.*

L'hypobibasme *est vn égal abbaissement de la puissance,*

& de ses degrez parodiques, étant obserué l'ordre de l'echelle, iusqu'à ce que l'homogene sous le degré plus abaissé, tombe sur l'homogene donné, auquel les autres sont comparez; & par ce moyen l'égalité n'est point changée. Mais il le faut demonstrer en passant.

PROPOSITION II.

Que l'égalité n'est pas changée par l'hypobibasme.

Soit proposé ac + baq zég. *pl.* a *Ie dy que par l'hypobibasme* a q + ba *ég.* z *pl. Car c'est auoir diuisé tous les plans par vn commun diuiseur, par lequel on a determiné que l'égalité n'est point changée.*

L'hypobibasme se fait en ostant le plus bas degré, tant de la puissance que de ses degrez parodiques en sorte que par l'hypobibasme l'vne & l'autre partie de l'équation soit appliquée à la grandeur incõnue. Que si en l'exemple de l'autheur au lieu de *ac* + *baq* ég. z pl. *a*, on met *aaa* + *baa* ég. z pl. a, l'On exprimera mieux l'operation de l'hypobibasme; car on verra que pour appliquer, ou diuiser l'vne & l'autre partie de l'équation l'on a osté vn *a* (qui est le plus bas degré) tant de la puissance, qui est le cube, que de ses degrez parodiques, qui sont le quarré & la racine. Et faut noter que deux *aa* signifient quarré: trois *aaa*, cube &c. Suiuant l'ordre de l'eschelle, & *ég.* signif. égal.

aaa + baa *ég.* zpl. a
aaa + baa *ég.* z pl. a.

Hypobib. a a a
aa + ba *ég.* z pl.

Et par cette commune diuision, l'homogene donné z pl. est deliuré du degré graduel composant.

11 Et s'il arriue que le plus haut degré, auquel montera la grandeur requise, ne subsiste de soy mesme; Mais soit multiplié par quelque grandeur donnée, alors faudra faire le Parabolisme.

Le Parabolisme est la commune application des homogenes (ausquels consiste l'equation) à vne grandeur donnée, laquelle on multiplie par le degré plus éleué de la grandeur supposée, en sorte que ce degré s'attribue le nom de puissance, & qu'en fin l'equation subsiste par icelle, & par ce moyen l'equation n'est point changée.

Mais il le faut demonstrer en passant.

PROPOSITION III.

Que l'egalité n'est pas changée par le Parabolisme.

Soit baq — d *pl.* a *ég.* z *solide. Ie dy que par le Parabolisme* $aq \pm \frac{d\,pa}{b}$ *ég.* $\frac{z\ sol.}{b}$

Car c'est auoir diuisé tous les solides par b, commun diuiseur, par lequel l'égalité n'est point changée.

Cette prop. auec la precedente sont fondées sur le 12. symb du 2. ch. de ce liure. Les termes de cette equation se disposent ainsi, selon la methode moderne.

baa +— d pl. a *ég.* z sol.

Or diuisant, $\frac{baa \pm d}{b}\ \frac{pl.a}{b}$ *ég.* $\frac{z\ sol.}{b}$

Donc aa +— $\frac{d\ pl.\ az}{b}$ *ég.* $\frac{so}{b}$

Et par cette commune diuision, la puissance *aa*, est liberée de subgraduel composant *b*.

Autre exemple.

soit à reduire,	baa + dba	ég.	dbd
Or diuisant,	baa + dba	ég.	cbd
	b b		b
Donc	aa + da	ég	cd

12. *Et alors l'égalité est tenuë estre bien exprimée, & s'appelle ordonnée à l'Analogisme, si l'on veut, la reduisant principalement sous telle condition, que les produits sous les extremes, correspondent tant à la puissance qu'aux homogenes des affections; & sous les moyens, à l'homogene sous la mesure donnée.*

1 . *Parquoy aussi l'analogis-*

uno ordonné se definit la suite de trois, ou quatre grandeurs, tellement énoncée en termes purs ou affectez, que tous les degrez soient donnez, excepté celuy, dont est question, ou sa puissance, & les degrez parodiques à icelle.

14. *Enfin l'égalité étant ainsi ordonnée, ou l'analogisme ainsi disposé, faut estimer que la zetetique a accomply ses offices & proprietez. Diophante à exercé la zetetique le plus subtilement de tous, aux liures, qu'il a fait de l'Arithmetique. Il là institute comme par nombres, & non par les especes, desquelles toutesfois il s'est seruy, pour faire admirer d'auantage l'industrie & subtilité de son esprit, puisque les choses,*

qui paroissent les plus subtiles & abstruses au logiste nombreus, sont familieres & incontinant presentes au logiste specieux.

DE L'EXAMEN DES theoremes par la Poristique.

CHAP. VII.

LA Zeteze accomplie, l'Analyste va de l'hypothese à la these, & fait voir les theoremes conceus de son invention, pour la disposition, & ordre de l'art, subiets aux loix κατὰ παντὸς, καθ' αὑτὸ, καθ' ὅλου πρῶτον. Et quoy qu'ils tirent leur demonstration & fondement de la zeteze ; neantmoins ils sont subiets à la loy de la synthese, & cette voye de demontrer est estimée la plus rationelle, & si encore quand il est besoin, sont ils approuuez par icelle ; & auec vne merueille de l'art inuentrice. Et pource là, on repren les vestiges de l'analyse. Ce qui est le mesme Analytique, & maintenant il n'y a rien de difficile pour la logistique induite sous les especes. Que si l'on propose, ou se presente fortuitement vne inuention d'autruy, dont il faille examiner & rechercher la verité, alors il faudra premierement essayer la voye de la Poristique, de laquelle en apres il se fait vn retour facile à la Synthese, comme sont les *exemples de cette matiere trai-ctée par Theon dans les theoremes, & par Apollonius Pergeus és sections Coniques, & mesme par Archimede en diuers liures.*

Ces mots en Grec signifient les trois degrez ou conditions necessaires à la vraye, & parfaite demonstration: ils denotent le rapport qu'il y a entre le subiect & l'attribut, & ensemble, & chacun à part font vne necessité aux enonciatiōs: quoy que l'vn la face plus grande que l'autre. Cecy appartient aux Logiciens.

DE L'OFFICE DE LA Rhetique.

CHAP. VII.

Estant ordonnée l'equation de la grandeur, dont est

question, la Rhetique, ou exegetique qu'on doit tenir pour l'autre partie de l'Analiste, & appartenir principalement à la disposition de l'art; veu que les deux autres regardent plustost les exemples que les preceptes, comme à bon droit on le concede aux logiciens, exerce son office tant sur les nombres, (si la question touchant la grandeur se doit expliquer par nombre) que sur les longueurs, superficies, ou corps, s'il faut que la grandeur soit en effet exhibée. Et c'est icy que l'Analyste se montre Geometre en effectuant le vray œuure, apres la resolution d'vn autre semblable au vray; & là, il se montre logiste en resoluant quelconques puissances exhibées en nombre, ſoyent pures, ou affectées. Et produira quelque traict de ſon artifice ſoit en Arithmetique, ou en Geometrie, ſelon la condition de l'équation trouuée, ou de l'Analogiſme, qui en a eſté conceu.

Or toute effection n'eſt pas polie & elegante: car chaque Probleme a ſes elegances. Mais celle là eſt preferée aux autres, laquelle demonſtre la compoſition de l'œuure, non par l'égalité: mais l'égalité par la compoſition. Et la compoſition ſe montre ſoy meſme. Parquoy le Geometre expert, quoy qu'inſtruit en l'Analytique le diſſimule, & comme meditant ſur l'œuure à effectuer, profere ſon Probleme ſynthetique, & l'explique: en apres voulant ayder

Logistes, conçoit, & demonstré le theoreme touchant la proportion, & égalité connuë en iceluy.

DEFINITION DES equations & epilogue de l'art.

CHAP. VIII.

1. *LE mot d'equation prononcé simplement és choses analytiques, s'entend de l'égalité deuëment ordonnée par la zeteze.*

2. *Parquoy l'equation est vne comparaison de la grandeur incertaine, auec la certaine ou connuë.*

4. *Derechef la puissance est*

pure, ou affectée.

5. *L'affection est par affirmation, ou negation.*

Comme $a + b$, est vne affection par affimation; & a — b, est vne affection par negation. L'Auteur pren le mot *d'affecter*, pour accompagner. Ainsi la puissance est dite affectée, quand elle est accompagnée du signe + ou —.

6. *Quand l'homogene affectant est nié de la puissance, la negation est directe.*

Comme *aq* — *ab* ég. *dq*; ou — *ab* est l'homogene affectant, lequel est nié de la puissance *aq*

7. *Au contraire, quand la puissance est niée de l'homogene affectant sous le degré, la negation est inuerse.*

Comme *ab* — *aq* ég. *dq*.

8. *Le sousgraduel mesurant appartient à l'homogene d'af-*

fection, le mesme degré en est la mesure.

Parce que le sousgraduel & le degré parodique constituent l'homogene d'affection. Ainsi en cette equation aaa + bba ég. ddd l'homogene d'affection est bba, le sous graduel bb, & la mesure est a; Car si l'on diuise l'homogene d'affection bba par le sousgraduel bb, le quotient sera a & partant le degré parodique a, en est la mesure.

9. *Mais il faut qu'en la partie de l'equation inconuë, l'ordre de la puissance & des degrez soit designé, comme aussi la qualité ou marque de l'affection: Et aussi que les grãdeurs adiointes sousgraduelles soient données.*

10. *Le premier degré parodique à la puissance, est la racine dont est question: le der-*

nier est celuy, qui est inferieur en puissance d'vn degré de l'eschelle.

Or on a accoustumé de l'exprimer par le mot Epanaphore.

L'Epanaphore signifie vn degré plus éleué, & le cube est Epanaphore du quarre-quarré &c.

11. *Le degré parodique à la puissance est reciproque du degré, lors que par la multiplication de l'vn par l'autre il se fait vne puissance: Ainsi la grandeur adiointe est reciproque du degré, qu'elle soutient.*

Comme si le costé ou racine est le degré parodique au cube, le quarré sera le degré reciproque: Car le cube se fait de la multiplication du costé par le quarré: Et le plan sous le costé, sera la grandeur reciproque : Parce que le solide (qui est vne grandeur de mesme degré que le cube) se fait de la multiplication du costé par le plan.

12. *Les degrez parodiques à la puissance sont ceux-la mesmes, qui sont designez en l'eschelle, commançant par la racine de longitude.*

13. *Les degrez parodiques, qui commencent par la racine plane sont,*

Le quarré		*Le plan*
Quarre-qu.	ou	*plan-plan*
Cube-cube.		*cube du pl.*

Et ainsi d'ordre.

14. *Les degrez parodiques, qui commencent par la racine solide sont,*

Le cube
Cube cube
Cube-cube-cube

ou

Le solide
Le quarré du solide
Le cube du solide.

15. *Le quarré-quarre, quarré cube cube, & celles qui s'engendrent d'elle mesmes par vn tel ordre continuel, sont les puissances du moyen simple, les autres, d'vn moyen multiple.*

Les puissances du moyen simple sont celles qui appartiennent au second degré, au quatriesme, au 8. & au 16. &c. dont les nõbres procedent selon la progression Geometrique sous double, & les autres qui sont aux degrez entremoyens, comme le cube, *a qc*, *qqc*. &c. sont les puissances du moyen multiple;

Car le cube est la puissance de deux moyens, & le qc. de quatre, & ainsi des autres.

16. *La grandeur certaine, à laquelle les autres sont comparées, est l'homogene de comparaison.*

Voyez ce qui a esté dit au art. du 5. ch.

17. *Aux nombres les homogenes des comparaisons sont les vnitez.*

18. *Quand la racine dont est question consistant en sa base, est comparée à la grandeur homogene donnée l'équation est simple absolument.*

Comme en cette equation.

a ég. b.

19. *Quand la puissance de la racine dont est question exemte d'affection est comparée à l'homogene donné, l'équation est*

simple Climactique.

Commen.q ég. bd.

20. Quand la puissance de la racine dont est question, affectée sous vn degré designé, & vne coefficiente donnée, est cõparée à vne grandeur homogene donnée. L'équation est polynomie selon la multitude & varieté des affections.

21. La puissance peut autant receuoir d'affections, qu'il y a de degrez parodiques à la puissance.

Parquoy le quarré peut estre affecté sous le costé.

Le cube, sous le costé, & le quarré.

Le quarre-quarré, sous le costé, quarré, & cube.

Le quarre-cube, sous le costé, quarré, & cube, & ainsi d'ordre à l'infiny.

22. Les Analogismes resolus sont distinguez, & prennent leur denomination des genres des equations, sur lesquelles ils tombent.

23. L'Analyste doit estre instruit pour l'exegetique és choses qui concernent l'Arithmetique, comme

D'adiouster le nombre au nombre.

Soustraire le nombre du nombre.

Multiplier le nombre par le nombre.

Diuiser le nombre par le nombre.

En apres l'art enseigne la resolution de quelconques puissances, soit pures, ou affectées, ce que les anciens, & mesme les modernes ont ignoré.

24. Pour l'exegetique és choses Geometriques il eslit & reuoit les effections les plus Canoniques, ou les equations des costez & des quarrez seront entierement expliquées.

25. Pour les cubes & quarre quarrez, il demande qu'on supplée au defaut de la Geometrie quasi par la Geometrie.

Comme,

De tirer vne ligne droite de quelque point que ce soit à deux quelconques lignes, comprise par icelles, estant determiné quelconque possible segment entre deux.

Cecy estant concedé (c'est vne demande assez difficile) le Mesographique artificiel peut resoudre les problemes les plus fameux, lesquels iusqu'icy ont esté dits irrationaux, comme de la section de l'angle en trois parties égales, l'inuention du costé de l'Eptagone, & toutes autres choses quelconques, qui tombent és formules des equations par lesquelles les cube sont comparez aux solides, & les quarre-quarrez aux plan-plan soit purement, ou auec affection.

Et quoy, veu que toutes les grandeurs sont des lignes, superficies, ou des corps, l'vsage des proportions sur la raison triplée, ou quadruplée, peut il estre si grand és choses humaines, si ce n'est d'auanture qu'aux sections des angles nous obtenions les angles par les costez, & les costez par les angles

27. Donc personne iusqu'icy

n'a découuert & enseigné le mystere des sections des angles, soit en l'Arithmetique, ou en la Geometrie.

Estant donnee la raison des angles, dõner la raisõ des costes. Faire comme le nombre est au nombre, ainsi l'angle à l'angle.

28. L'Analiste ne compare pas la ligne droite à la courbe; parce que l'angle est vn certain milieu entre la ligne droite & la figure plane. Parquoy la loy des homogenes semble y repugner.

29. Finalement l'art Analitique induit de la triple forme de la zetetique, porisiiq. & exegetique s'attribue à bon droit ce fastueux Probleme, qui est,

Soudre tout Probleme.

Fin de l'art Analytique.

EFFECTIONS Geometriques de l'illustre F. Viete.

Prop 1.

Aiouster vne ligne droite à vne ligne droite donnée.

C'est la practique de l'addition

Soient les deux lignes droites données AB, BC. Il faut ajouter l'vne à l'autre.

Soit continuée AB de la longueur BC Iedy qu'on a fait ce qu'il a failu, Car AC est composée de AB, BC

A ———— B
B ——— C
A ——— B ——— C

Prop. 2.

Oster vne ligne droite donnée d'vne plus grande ligne droicte donnée.

C

A ——— B

C'est la practique de la soustraction Soient données deux lignes droictes inegales AB, BC, Il faut oster la moindre de la plus grande AB. Soit retranché BC, de AB. Ie dy qu'on a fait ce qui estoit proposé. Car la difference entre AB, & BC, est AC.

Prop. 3.

Descrire trois lignes droictes proportionnelles.

Du centre A, de quelconque interualle soit descrit vn cercle, & soit mené le diametre BAC.

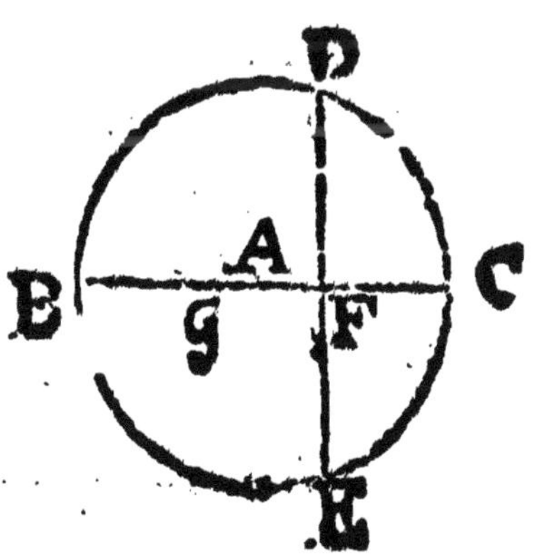

Soient prises en parties contraires les arcs égaux CD, CE, & que DE conjointe coupe BC en F. Je dy qu'on a fait ce qu'il a fallu. Car BF, FD, FC sont proportionelles.

Prop. 4.

Descrire vn triangle rectangle.

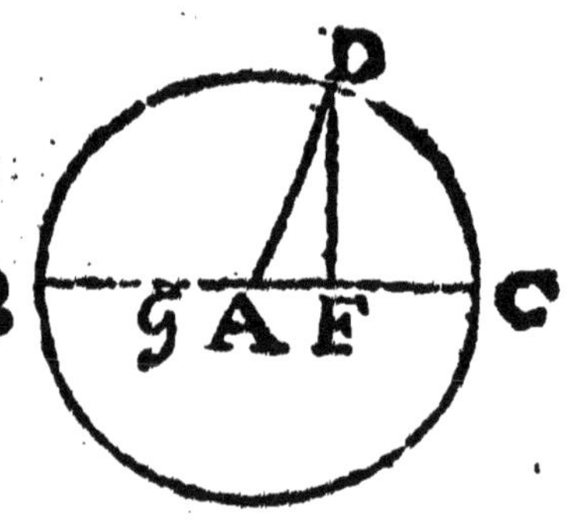

Ayant reprise la construction superieure, soit iointe AD. Je dy qu'on a fait ce qui a esté proposé : Car le triangle AFD est rectangle, d'autant que l'angle AFD est droit, comme il est demonstré és elemens Geometriques.

Prop. 5.

Estant données deux ligne

droites, trouuer la moyenne proportionnelle entre icelles.

C'est la practique de la multiplication. Car il a esté enseigné que le plan des extremes est égal au quarré de la moyenne.

Soient en la figure precedente les deux lignes droites données BF, FC, & il faut trouuer la moyenne proportionnelle entre icelles.

Soit continuée BF de la longueur de FC, & coupée BC en deux egalement au poinct A. Et du centre A, de l'interualle AB, ou AC soit descrit vn cercle, & du point F soit eleuée FD perpendiculaire à BC coupant la circonference en D. Ie dy qu'on a fait ce qui estoit requis.

Car DF est la moyenne requise, comme il est euident par la description canonique des trois proportionelles.

Ainsi l'on donne vn quarré égal à vn plan donné.

Prop.

Prop. 6.

Estant données deux lignes droites, trouuer la troisiéme proportionelle.

C'est la practique de l'application ou diuision. Car cela est appliquer vn plan donné à vn plan ou vn quarré à vne ligne droite ; & monstrer la latitude qui en vient. C'est à dire qu'on applique le quarré de la moyenne à la premiere, & il en vient la troisiesme.

Soit les deux lignes droites données BF, FD. Il faut trouuer la troisiesme proportionnelle. Soiét inclinées à angles droites BF, FD, & soit menée BD, laquelle soit coupée à angles droites par la droite AH, coupant la mesme BD en G, & BF en A. Et du centre A

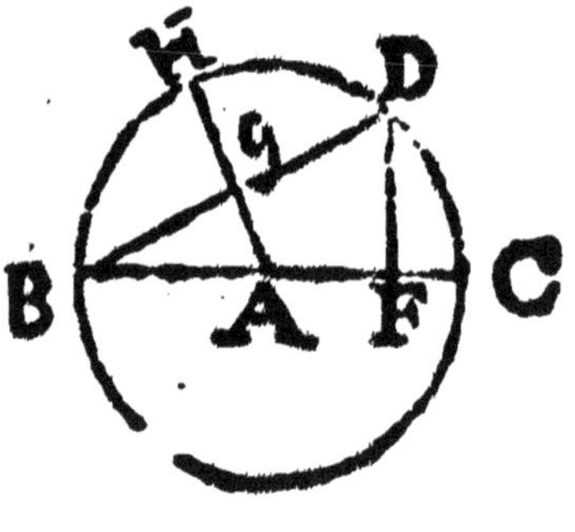

H

de l'interualle AB, ou AD, soit descrit vn cercle, à la circonference duquel soit prolongée BF, iusqu'en C. Ie dy qu'on a fait ce qui a esté proposé. Car FC est la troisiesme proportionnelle requise aux données BF, FD, comme il est euident par la description canonique des trois proportionnelles.

Les effections moins Canoniques sont,

1. *Estant données trois lignes trouuer la quatriéme proportionnelle.*
2. *Faire comme le nombre est au nombre; ainsi la ligne droite est à la ligne droite dont il s'agit, les autres estant données.*
3. *Faire comme le quarré est au quarré, ainsi la ligne droite est à la droite dont il*

s'agit le reste estant donné.

4. Faite comme la ligne droite est à la droite ; ainsi le quarré est au quarré du costé dont il s'agit le reste estant donné.

Lesquelles choses neantmoins si elles seruent quelquefois, elles sont ès elements Geometriques. Mais les effections suiuantes ne sont pas entierement regulieres, & toutesfois elles sont recommandables, à cause de leur frequent vsage.

Prop. 7.

Estant donnez les deux costez d'vn triangle rectangle comprenant l'angle droit, trouuer le troisiesme costé.

C'est la practique de l'addition

aes plans, Pythagoras a enseigné que les quarrez des costez comprenant l'angle droit sont egaux au quarré de l'autre costé restant. Ce que aussi les principes Analitiques demonstrent par la mesme description du triangle. Car on a enseigné aux Analytiques que l'aggregé des deux costez estant multiplié par la difference des costez fait la difference des quarrez.

Or l'aggregé de AD, ou AB, & AF est BF, & la difference entre AD, ou AC, & AF est FC. Or BF multipliée par FC fait le quarré de DF. Parquoy le quarré de DF est la difference du quarré de AD, & du quarré de AF. Et par la transposition de l'art, laquelle on nomme Antithese, le quarré de AD est la somme des quarrez de AF & DF.

Soient donnez les deux costez du △ rectangle comprenans le mesme angle droit FA, FD. Il faut trouver le troisiesme costé, cõprenant l'angle droit. Soient donc inclinez AF, FD à angles droits, & soit conioincte AD. Ie dy qu'on a fait ce qu'il a fallu Car le costé dont est question est AD soustenant l'angle droit DFA, fait des costez donnez AF, FD.

Il faut reprendre la figure de la Proposition 3.

Propos. 8.

Estant donné le costé soustenant l'angle droit d'vn triangle, & vn des autres trouuer le troisiesme costé.

C'est la practique de la soustraction des plans. Il faut reprendre la figure de la 3. Prop.

Soient donnez les deux costez du triangle, l'vn AD, qui soustient l'angle droit, l'autre AF, vn des costez qui le comprennent. Il faut trouuer l'autre costé.

Du centre A, de l'interualle AG soit décrit vn cercle: Mais de AC, soit coupé AF, & du point F, soit esleuée la perpendiculaire FD sur AC, laquelle coupe la circonferen-ce en D. & soit menée AD, le dy qu'on a fait ce qu'il a fallu. Car DF est le costé requis, comprenant l'angle droit au triãgle AFD, dont les autres costez AF, & AD, c'est à dire AC, ont esté donnez.

Prop. 9.

S'il y a trois lignes droites proportionnelles, le quarré de la moindre extreme adioint au rectangle sous la difference des extremes & la mesme mineure extreme est égal au quarré de la moyenne.

Soit exposée la figure canonique des trois lignes droites proportionelles, & soit entenduë FC la moindre extreme, à laquelle soit mise egale BG, dont la difference entre la maieure extreme BF, &

BG, c'est à dire FC la mineure extreme, soit FG.

Ie dy que le quarré de CF adioint au rectangle sous CF, FG. est égal au quarré DF, Car le quarré de CF, autrement est fait de CF en GB. Parquoy ces deux produits de CF en GB, & de CF en FG valent le produit de CF en FB, auquel produit sont les extremes est par consequent égal le quarré de DF moyenne entre les extremes.

Consectaire pour la mechanique du quarré affecté de l'adionction d'vn plan sous le costé

Parquoy quand on proposera a quarré, plus b *en* a *estre égal à* d *quarré, on entendra* d *moyenne entre les extremes,* b *la difference d'icelles. Et de la moyenne & difference des extremes on cherchera les extre-*

mes, dont la moindre dont est question sera a.

Comme icy estant données GF, FD, on construira les proportionnelles BF, FD, FC, & FC sera la moinde requise. Comme on peut voir és Zetetiques, & que maintenant la figure Geometrique le demonstre par la synthese, ou composition.

Prop. 10.

S'il y a trois lignes droites proportionnelles, le quarré de lla maieure extreme diminué du rectangle sous la difference des extremes, & sous la mesme maieure extreme, est égal au quarré de la moyenne.

Soit repetée la prochaine construction antecedente, Ie dy que le quarré de BF, moins le rectangle sous BF, GF, est égal au quarré de DF.

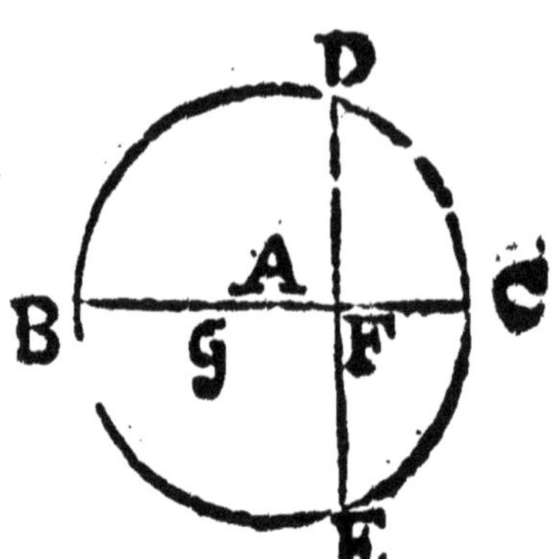

Car le quarré BF vaut le produit de EF en DF, & encor de BF BG.

Donc du quarré de BF soit osté le produit de BF, en FG, il reste le produit de BF en FB, c'est à dire par la constructiõ en EC, auquel produit sous les extremes est par consequent égal le quarré de DF moyenne entre les extremes.

Confectaire pour la mechanique du quarré affecté de l'adionction d'vn plan sous le costé

Parquoy quand on proposera aq — ba ég. dq; *on entendra* d *moyenne entre les extremes,* b *differentes d'icelles, & de la moyenne & differen-*

ce des extremes on cherchera les extremes , desquelles la maieure, dont est question sera a.

Comme icy estant données GF, FD on construira les proportionelles BF, FD , FC. Et BF sera la maieure requise. Ainsi qu'on peut voir par les Zetetiques , & que maintenant la figure Geometrique le demonstre par la synthese.

Prop. 11.

Sil y a trois lignes droites proportionelles , le rectangle sous la composée des extremes, & de l'vne de celles-cy maieure, ou mineure diminuë du quarré de la mesme extreme, est egal au rectangle sous les extremes.

Soit prise la figure preced.

Soit exposée la figure canonique des trois proportionelles. Ie dy que le rectangle sous BC, FC moins le quarré de FC est égal au quarré de DF.

Car d'autant que BC est composée de BF, FC, pource le produit de BC en FC vaut le produit de BF en FC, & FC en FC, c'est à dire le quarré de FC. Parquoy quand on ostera le quarré de FC du produit de BC en FC, il restera le produit de BF en FC, auquel produit sous les extremes est par consequent egal le quarré DF moyenne entre les extremes. Et cela soit pour la premiere partie.

Semblablement d'autant que BC est composée de CF, FB, pource le produit de BC en BF, & de BF en FB, vaut le produit de CF en BF, & de BF en BF, c'est à dire le quarré de BF. Parquoy ostant le quarré de BF du produit de BC en BF, il resteta le produit de CF en BF. Auquel produit sous les extremes, est par consequent egal le quarré de DF moyenne entre les extremes. Ce qu'il falloit demonstrer en second lieu.

Consectaire pour la mechanique du plan nié du quarré sous le costé.

Parquoy quand on proposera ba — aq *ég.* dq, *on entendra* d *moyenne entre les extremes,* b *l'aggregé des mesmes. Et de la moyenne & aggregé des extremes on cherchera les extremes, desquelles l'vne ou l'autre dont est question sera* a. Comme on peut voir par les Zetetiques, & que maintenant la figure Geometrique le demonstre par la synthese.

Prop. 12.

Estant donnée la moyenne des trois proportionelles, & la difference des extremes, trouuer les extremes.

Soit prise la fig. de la prop 10.

Mechanique du quarré affecté sous le costé.

Soit donnée FD la moyenne des trois proportionelles, & GF la difference des extremes, il faut trouuer les extremes.

Soient inclinées GF, FD à angles droits, & soit coupée GF en deux egalement en A. Et du centre A, de l'interualle AD. soit décrit vn cercle, à la circonference duquel soient prolongez AG, AF, és points B, C. Ie dy qu'on a fait ce qui a esté requis. Car les extremes qu'il falloit trouuer sont BF, FC, entre lesquelles la moyenne proportionelle est FD. Et icelles BF, FC different de la longueur de FG; puisque AB & AG, ont esté construites égales. Parquoy ostant les egales AG, AF des egales AB, AC, les restes BG, FC sont egales. Et GF est la difference entre BF, & BG, ou FC. Ce qu'il falloit demonstrer.

Prop. 13.

Estant donnée la moyenne des trois proportionelles, & l'aggregé des extremes trouver les extremes.

Mechanique du plan nié du quarré sous le costé.

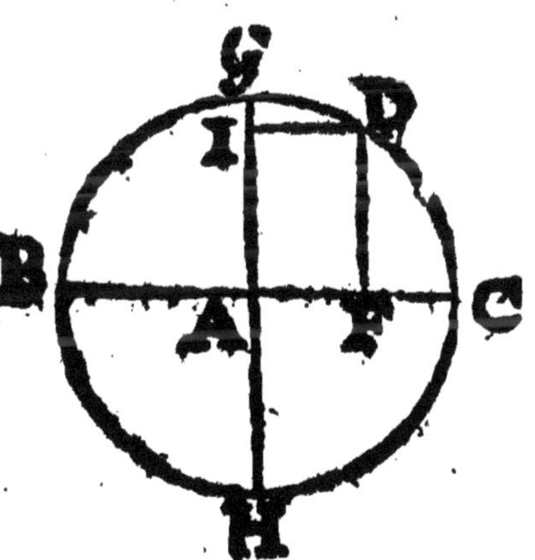

Soit donnée E la moyenne des trois proportionelles, Et BC l'aggregé des extremes, il faut trouver les extremes.

Soit coupée BC en deux egalement en A. Et du centre A, de l'interualle AB ou AC soit décrit vn cercle Mais qu'vn autre diametre GAH coupe le diametre BAC à angles droits, & de AG, soit retranché AI, egale à la ligne donnée E. Et par I, soit menée la droite ID parallele à BC, coupant la circonference au poinct D, duquel soit abbaissée la ligne DF perpendiculaire à BC, egale & parallele à IA

Ie dy qu'on a fait ce qui a esté requis. Car les extremes requises sont BF, FC, dont la composée est BC, donnée. Et se fait DF ou IA moyenne entre les proportionelles.

Prop. 14.

Le quarré de la moyenne proportionnelle entre l'hypothenuse du triangle rectãgle & le perpendicule du mesme, est proportionel entre le quarré

du perpendicule & le mesme quarré du perpendicule augmenté du quarré de la base.

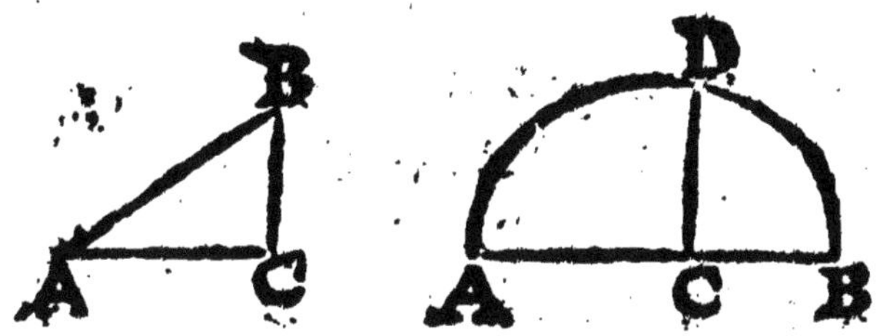

Soit le triangle rectangle ABC, & la moyenne entre l'hypotenuse AB, & le perpendicule BC soit BD. Ie dy que le quarré de BD est proportionnel entre le quarré de BC, & le mesme quarré de BC plus le quarré de AC. Car d'autant que BA. DB, & BC sont proportionnelles, les quarrez qui s'en produisent sont aussi proportionaux, sçauoir le quarré de AB, le quarré de DB, & le quarré de BC. Or le mesme quarré de AB par interpretation est le quarré de BC plus le quarré de AC

Le mesme quarré de la moyenne proportionelle entre

l'hypothenuse du triangle re-ctangle & le perpendicule est proportionel entre le quarré de l'hypotenuse & le mesme quarré de l'hypotenuse diminué du quarré de la base.

Car (comme on a deja remarqué le quarré de AB, le quarré de BD, & le quarré de BC sont proportionnaux. Et que le mesme quarré de BC par interpretation est le quarré de AB moins le quarré de AC.

Consectaire pour la mechanique du quarré-quarré affecté sous le quarré.

Parquoy, si aqq + bq aq ég. dqq, *On entendra que* b *est la base du triangle rectangle,* d *la moyenne entre le perpendicule & l'hypotenuse, & de la moyenne & la base, on cherchera le perpendicule a.*

Comme icy estant donnez AC, BD, on cherchera BC. Veu que par la resolution de l'Analogisme exposé au premier lieu le quarré-quarré de BC + ppl, sous le quarré de AC & le quarré de BC est egal au quarré-quarré de BD.

Et si aqq — bqaq ég dqq, *On entendra encor que* b *est la base du triangle rectangle*, d, *la moyenne entre le perpendicule & l'hypotenuse. Et de la moyenne & de la base on cherchera l'hypotenuse* a.

Comme estant donnez AC, BD, on cherchera AB. Veu que par la resolution de l'analogisme exposé au second lieu, le quarré de AB moins le plan plan sous le quarré AC & le quarré de AB est egal au quarré quarré de BD.

Prop. 15.

Le quarré de la moyenne proportionelle entre la base du triangle rectangle & le perpendicule du mesme, est proportionel entre le quarré de la base, & le quarré de l'hypotenuse moins le mesme quarré de la base.

Ou aussi entre le quarré du perpendicule, & le quarré de l'hypotenuse moins le mesme quarré du perpendicule.

Soit prise la figure preced.

Soit le triangle rectangle ABC. & la moyenne entre les costez cōprenans l'angle droit AC, BC, soit CD. Ie dy que le quarré de CD est proportionel entre le quarré de AC & le quarré de AB moins le quarré de BC. Car d'autant que AC, CD, BC sont proportionelles, pource aussi leurs quarrez sont proportionaux, sçauoir le quarré de AC, le quarré de CD & le quarré BC. & le mesme quarré de BC par interpretation est le quarré de AB moins le quarré de AC.

Ou aussi ie dy que le quarré de CD est proportionel entre le quarré de BC & le quarré de AB moins le quarré de BC. Veu que, comme on à desia remarqué, le quarré de AC, le quarré de CD, le quarré de BC sont proportionaux. Et que le mesme quarré de AC par interpretation est le quarré de AB moins le quarré de BC.

Consectaire pour la mechanique du plan-plan nié du quarré-quarré sous le quarré.

Parquoy si bqaq — aqq ég. dqq, *on entendra que* b *est l'hypotenuse du triangle rectangle, d moyenne entre le perpendicule & la base, & de la moyenne & l'hypotenuse on cherchera la base ou la perpendicule.*

Comme icy estant donnez AB, DC on cherchera AC ou BC. Veu que par la resolution de l'analogisme posé au premier lieu, le plan plan sous le quarré de AB, & le quarré de AC moins le quarré quarré de AC est egal au quarré-quarré de DC.

Ou encor par la resolution de l'analogisme exposé au second lieu, le plan-plan sous le quarré de AB, & le quarré de BC moins le quarré-quarré de BC est égal au quarre quarré de DC.

Prop. 16.

Estant donnée la premiere des trois proportionelles, & celle, dont le quarré est égal à l'aggregé des quarrez de la seconde & troisiesme, les deux autres sont données.

Car 1, la troisiéme plus la premiere,
2, celle qui les peut par son quarré,
3, & la troisiéme sont aussi proportionelles, & en cette suite est donnée la premiere & la difference des extremes. Or la moyenne estant donnée & la difference des extremes, les mesmes extremes sont données par la 12. prop. de ce chap.

L'Analogie exposée, laquelle sans ce que la Zetese à cõfirmé, est euidente par l'equation en laquelle on la resout. Car les extremes sont le quarré de la troisiéme plus le rectangle de la premiere en la troisiéme, c'est à dire plus le quarré de la seconde, lesquels deux quarrez egalent le quarré de la moyenne.

Et cette proposition est mise au rang des Canoniques, d'autant que c'est vne preparation à la mechanique du quarre quarré affecté sous le quarré. Parquoy il est plus à propos d'en faire voir à l'œil l'operation entiere. Soit donc proposé.

Estant donnée la premiere des trois proportionelles, & celle, dont l'aggregé des quarrez de la seconde & troisiéme, trouuer les proportionelles.

Soit donnée AB la premiere des trois proportionelles, & celle qui peut par son quarré les deux autres, soit BC. Et il faut trouuer la seconde & la troisiéme.

Soient inclinées à angles droits AB, BC, & soit coupée AB en deux égalemẽt au poinct D, & du centre D de l'interualle DC soit décrit vn cercle coupant la mesme AB prolongée de part & d'autre és poincts E, F, & soit

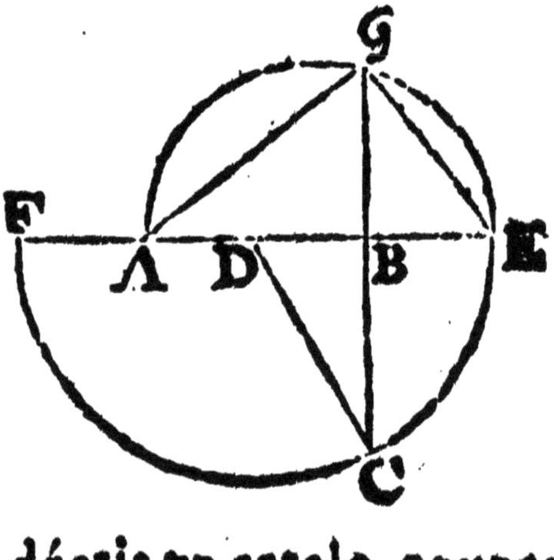

E, le poinct vers B, & F vers A, soit fait AE le diametre de l'autre cercle, & soit prolongée CB iusqu'en G. Ie dy que les proportionelles dont est question sont GB la seconde, & BE la troisiéme. Car il est euident par la figure Canonique des trois proportionelles que AB, BG, BE sont proportionelles. Il reste donc que l'hypotenuse GE soit égale a la mesme donnée BC. Or cela est manifeste : Car d'autant que FD & DE sont égales par la construction, car l'vn & l'autre semidiametre appartient au cercle premier décrit, & AD, DB, sont aussi égales par la construction. Donc FA, BE sont aussi égales.

Et encore FB & AE egales, ayãt adjouté ou soustrait choses egales de choses egales. Or la moyenne proportionelle entre EB, & FB, est BC, par la mesme figure canonique. Et la moyenne entre EB & AE, c'est à dire BF est GE. Parquoy la mesme GE est la mesme que BC. Ce qu'il a fallu demonstrer.

Donc à la premiere AB, & BC, pouuant en quarré les deux autres, ont esté trouuées les trois proportionelles AB, BG, BE. Ce qu'il falloit faire.

Prop. 17.

Si le quarré de la moyenne entre le perpendicule du triangle rectangle, & l'hypotenuse est appliqué à la base, le perpendicule est proportionel entre la base & celle, dont le quarré est egal à la difference entre le quarré de la latitude prouenante de l'application, & le quarré du perpendicule.

Soit l'hypotenuse du triangle rectangle AB, la base AC, le perpendicule BC, & la moyenne proportionelle entre AB & BC, soit CD, dont le quarré estant appliqué à AC face la latitude CF. Mais le quarré de BC appliqué à AC fasse la latitude CE, de laquelle le quarré auec celuy de BC soit egal au quarré de BE. Ie dy que BE est egal à CF. Parquoy CE est celle dont le quarré est egal à la difference entre le quarré de CF ou BE, & le quarré de BC Et par consequent BC est proportionelle entre icelle & AC, ainsi que porte la proposition. Car AC est à CD, comme CD est à CF par la construction. Et AC est aussi à BC, comme AB à BE par la similitude des triangles ACB, ABE. Or le quarré de CD est egal par l'hypothese au rectangle de BC en AB. Parquoy la mesme est moyenne entre AC & CF, & entre AC & BE. Et partant BE, & CE sont egales, & la proposition est demonstrée.

Propos. 18.

Estant donnée la base d'un triangle rectangle & la moyẽne proportionelle entre l'hypotenuse & le perpendicule, le triangle est donné.

Car par la precedente proposition les proportionelles sont, la *base*, *le perpendicule*, le costé du quarré egal à la difference entre le quarré du perpendicule, & le quarré de la latitude que fait le quarré de la moyenne appliqué à la base.

En laquelle suite est donnée la premiere, & le costé du quarré egal à l'aggregé des quartez des deux restans. Parquoy les deux autres seront données par la 15. prop. Or c'est la mechanique du quarré quarré affecté sous le quarré. Parquoy elle est mise au rang des Canoniques. Et pour cette cause il est à propos de faire voir entierement la mesme operation. Soit donc proposé,

Estant donnée la base d'vn triangle rectangle, & la moyenne entre l'hypotenuse & le perpendicule, trouuer le triangle.

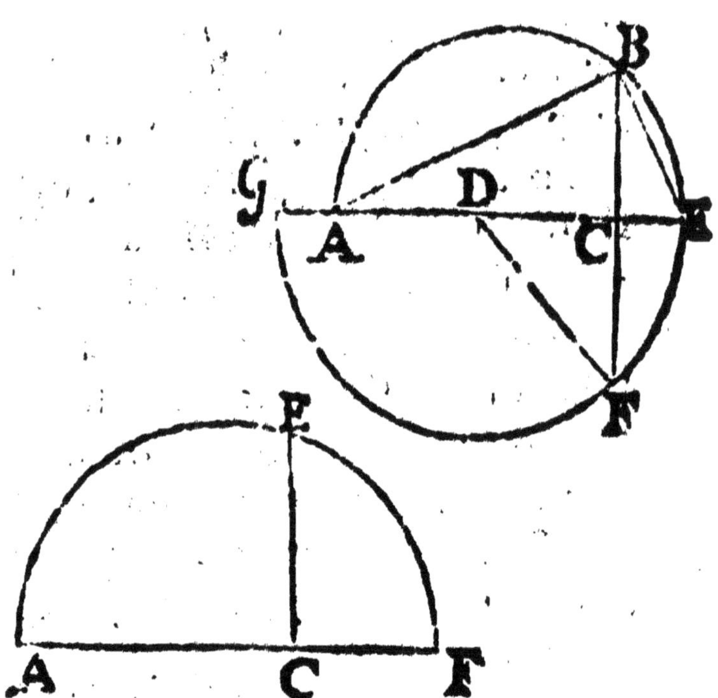

Soit donnée AC la base du triangle rectangle, & aussi CE la moyenne entre l'hypotenuse & le perpendicule. Il faut trouuer le mesme triangle.

Soit appliqué le quarré de CE faisant la latitude GF, à la ligne donnée AC.

En apres soit inclinée CF perpendiculairement à AC, & ayant coupé AC en deux egalement au point D, soient descrites les proportionelles CE, CF, CG. Et soit fait AB le diametre du cercle, de la circonference duquel tombe le perpendicule BC. Ie dy que ACB est le triangle dont est question, duquel la base est la mesme AC. Or veu que AC est à AB, comme BC est à BE, c'est à dire CF, comme l'operation le demõstre, & la precedente le confirme. Et que CE est moyenne entre AC & CF, il s'ensuit aussi que CE est moyenne entre AB & BC. Parquoy on a fait ce qui a esté proposé.

Le mesme Probleme pouuoit estre ainsi enoncé;

Estant donnée la moyenne des trois proportionelles, & celle dont le quarré est egal à la difference des quarrez des extremes, trouuer les extremes.

Comme icy estant donnée AC & CE on trouue AB, & BC.

Prop. 19.

Si le quarré de la moyenne entre la base & le perpendicule d'vn triangle rectangle est appliqué à l'hypotenuse, la latitude qui en vient sera proportionelle entre les deux segmens de l'hypotenuse, desquels le quarré du premier adiouté au quarré de la latitude, égale le quarré de la base. Mais le quarré du second adiouté au mesme quarré de la latitude, egale le quarré du perpendicule.

Soit l'hypotenuse du triangle rectangle AB, la base AC, & le perpendicule BC, la moyenne entre la base & le perpendicule BE, dont le quarré appliqué à AB, fasse la latitude BF. Que CD tombe perpendiculairement du poinc G sur AB

Donc AD premier segment de l'hypotenuse, CD, la perpendiculaire, & DB l'autre segment de l'hypotenuse sont proportionelles. Ie dy que DC est egale à BE. Parquoy BE est proportionelle entre AD, dont le quarré adioint au quarré CD egale le quarré de la base AC, & DB, duquel le quarré ajouté au mesme quarré CD egale le quarré du perpendicule CB, comme conclud le theoreme. Car comme AB est à BE, ainsi BE est à BF, par la construction. De mesme comme AB est à CB; ainsi AC est à CD, par la similitude des triangles ACB, ADC. Or le quarré de BE vaut le rectangle de CB en AC. Donc la mesme est moyenne entre AB & BF, que celle qui est entre AB & CD, & partant BF & CD sont egales. Et par consequent la proposition est conseruée.

Prop.

Prop. 20.

Estant donnée l'hypotenuse d'vn triangle rectangle, & la moyenne proportionelle entre la base & le perpendicule, le triangle est donné.

Car par la precedente proposition.

I. Le Segment de l'hypotenuse.

II. La latitude que fait le quarré de la moyenne appliqué à l'hypotenuse.

III. L'autre segment de l'hypotenuse sont proportionelles

En laquelle suite est donnée la moyenne & l'aggregé des extremes. Et le quarré de la latitude susdite, adioint au quarré de l'vn des segmens de l'hypotenuse fait le quarré de l'vn des costez comprenans l'angle droit. Et estant adiouté au quarré de l'autre segment, fait aussi le quarré de l'autre costé.

Or c'est la Mechanique du plan-plan nié du quarre quarré sous le quarré. Parquoy on l'inscrit au rang des Canoniques. Pour cette il est à propos de faire voir la mesme operation entierement. Soit donc proposé.

Estant donc l'hypotenuse d'vn triangle rectangle, & la moyenne proportionelle entre les costez comprenans l'angle droit, trouuer le mesme triangle.

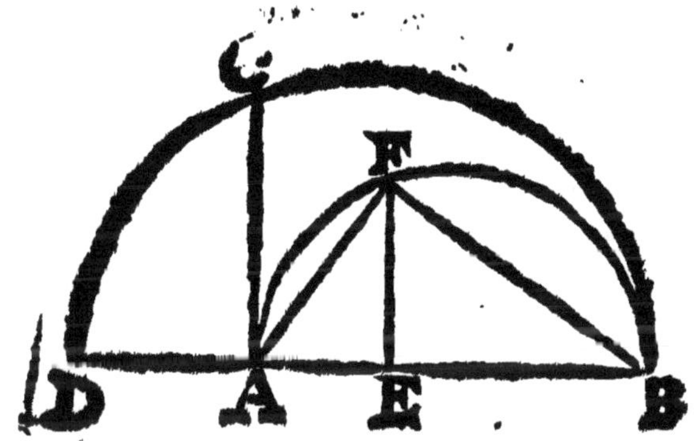

Soit donnée AB l'hypotenuse du triangle, & aussi AC moyenne proportionelle entre les costez comprenans l'angle droit. Il faut trouuer le mesme triangle. Soit trouuée la troisiesme proportionelle AD, aux données AB, AC, & soit fait AB diametre du premier cercle, sur lequel diametre soit de la circonference abbaissée la droite FE perpendiculairement egale à la mesme AD, & soient tirées les soustendantes AF, BF. Ie dy que icelles AF, FB sont les costez comprenans l'angle droit requis, & partant le triangle dont est question est AFB, duquel l'hypotenuse est la donnée AB. Car les triangles rectangles FEB, AFB sont semblables Parquoy comme FE est à AF; ainsi FB est à AB. Mais par la construction FE, c'est à dire AD est à AC; comme AC est à AB. Parquoy AC est moyenne proportionelle entre AF & FB.

Donc on a trouué le triangle AFB à l'hypotenuse donnée AB & AC moyenne proportionelle entre les costez comprenans l'angle droit. Ce qu'il falloit faire.

Le mesme Probleme se peut ainsi conceuoir,

☞ *Estant donnée la moyenne des trois proportionelles, & celle, dont le quarré est égal à l'aggregé des quarrez des extremes, trouuer les extremes.*

Comme icy estant dōmes la moyenne AC, & AB pouuant par son quarté les extrémes, on trouüe les mesmes extremes AF, FB.

Fin des Effections.

EXEGETIQVE nombreuse.

Pour la resolution des quations quadratiques affectées tant affirmatiuement que negatiuement.

PROBLEME I.

Estant donné l'homogene de l'equation aa +— da ég. ff proposée en nombres, en extraire analytiquement la racine, qui est la valeur de la racine requise a.

Soit l'equation proposee en nombre *aa* +— 7. *a ég.* 60750.

Donc, 7. *ég. d.* & 60750. *ég ff.*

Soit posé $b + c$. ég. a

Donc $b + c + d$ ég 60750.

$b + c \quad b + c$

Estant donc distribuez les homogenes particuliers en deux membres ainsi

Il se fait $+ bb + 2.bc$ ég. 60750.

$+ db + cc.$

Ab $+ dc$

Bc.

Analyse.

Homogene à resoudre *ff*	2 6.07.05
Coefficient sous le costé *d*	7
Raci. sing. pemiere *b* ég 2.*b*	2
Somme des diuiseurs A	9
bb	4
db	14
Sõme des plans à soust. Ab	4 . 14
Reste de l'homog. à resoud.	1|93|50 4 1.93.50
Coefficient sous le costé *d*	7.

Rac.sing.pre.dec.b ég 20.2.b | 140

Somme des diuiseurs B | 40.7

Rac.sing.dec.b ég.20. 2 bc 1 | 60 |
Rac.seconde c ég.4. cc | 16 |
de | 2 | 8

Sóme des plans à soust. Bc 1 | 78 | 18

Reste de l'homog. à ref. | 14 | 70
| 3 |
| 14 | 70
d | | 7
Ra.aug.dec.cb ég.240 2.b | 4 | 88

Sóme des diuiseurs B | 4 | 87

Rac.sing.trois. c ég.3. 2.bc | 14 | 4
cc | | 9
dc | | 2 | 1

Sóme des plãs à soust. Bc | 14 | 70

Racine vniuerselle. 3 | 4 | 3
Reste de l'homogene. 0 | 00 | 00

Et partant si aa+-7.a ég. 60750, le costé ou racine sera 243, par la voye retrograde de la composition.

Practique de l'Analyse.

Apres auoir tranché l'homogene proposé ff 60750 de deux en deux figures, & mis le coefficient d 7, sous la troisiéme figure afin qu'il reste encor la place de deux autres coefficiens (dautant que l'homogene ff 60750 consiste en trois sections qui denote qu'il y aura trois figures en la racine) Ie pren la racine de la premie[illegible] tranche sçauoir la racine de 6, qui est 2, que ie pose au dessus du 6. I'exprime cette premiere racine par b, & la pose sous le coefficient 7, & la somme des deux fait 9, pour A, somme des diuiseurs. Puis ie multiplie la racine 2 par soy font 4 pour bb, & aussi le coefficient 7 par la mesme racine, & vient 14, pour le plan db, lequel i'adioute auec le quarré de la racine bb, & i'ay 414 pour la somme des plans à soustraire AB, ostant donc 414 (qui s'entendent 41400, à cause des figures suiuantes) de l'homogene ſſ 60750, reſte 19350

En apres i'auance le coefficient 7 d'vn degré & le mets au deſſous de la penultiéme figure du reſte de l'homogene à reſoudre. Et pour auoir vn diuiſeur ie decuple la premiere racine 2, fait 20 dont le double eſt 40 qui s'expriment par 2. b, que ie ioints auec le coefficient 7 & i'ay 407 pour B, la ſomme des diuiſeurs, par laquelle ſomme ie diuiſe 1935 & vient 4 pour la ſeconde racine ſinguliere, qui s'exprime par C.

Puis ie multiplie cette ſeconde racine 4 par 2. b, 40, & vient 160 pour 2. bc, ie quarre auſſi la ſeconde racine C & vient cc 160, ie multiplie encore le coefficient 7 par la ſeconde racine 4, vient 28 pour le plan dc, i'adioute ces trois plans enſemble, qui font 1788 pour BC ſomme des plans à ſouſtraire, laquelle eſtant oſtée de 19350, reſte 1470.

Finalement i'eſcris le coefficient

ſous la derniere figure de ce reſte d'homogene à reſoudre, puis ayãt decuplé les deux racines, leſquelles enſemble ne font que la fonction d'vne (& pource elle eſt appellée racine augmentée) i'en pren le double qui eſt 480, exprimé par 2.b, que i'aiouſte auec le coefficiẽt 7 font 487 pour la ſom des diuiſeurs, par laquelle ie diuiſe 1470, & vient 3, pour la troiſiéme racine que i'eſcris ſur le 4, puis ie multiplie 480 par la derniere racine 3 & vient 1440 pour le plan 2. bc, ie quarre auſſi la racine, fait 9 pour le quarré cc, & multiplie encor le coefficient par la meſme racine & vient 21 pour le plan dc, & adioutant ces 3 plan enſemble, la ſomme donne 1470, laquelle eſtant egale au dernier reſte d'homogene à reſoudre me montre que la racine vniuerſelle de l'homogene donné 60750 eſt preciſement 243.

x. Il faut noter que A repreſente ſeul la ſomme du coefficient d &

de la premiere racine b ; Mais estant ioint auec b, il signifie les deux plãs bb & db, ioins ensẽble.

2. On peut accourcir l'operation en negligeant la premiere somme des diuiseurs A, & multiplier seulement la somme des autres diuiseurs B, par leur racine, ainsi.

6|07|30(2.ra.1

Coefficient 71

Quarré de la 1.rac. 4

Plan du pr. costé 2. & du coeffic. 7 14

Sõe des pl. à soust. 4 14

Rest. de l'ho. à rei. 1 93|50(4.rac.2

Coefficient 17

Double de la 1.dec. 40

Sõme des diuiseurs. 40 7

Pl. so. a d & le 2. ra. 162|8

Quarré de la 2 rac. 16

Sõme des pl. à sou. 1|78|8

Reste de l'ho. à res. 14|70(3 rac.3

Coefficient 17

Dou. des 2 rac. ensem. 48

Sõme des diuiseurs 4|87

Plan sous le diu. & la 3. rac. 14161
Quarré de la 3. racine. 19
Sōme des pl. à soust. egale 14170
au reste de l'hom à resoud.

Cas de la deuolution.

Il arriue quelquefois qu'en la resolution de l'equation aa + da ég. ff, reduite en nombres, le coefficient s'auance en deuant au delà de l'homogene, tellement qu'on ne l'en peut soustraire. En tel cas faut deualer le coefficient au prochain poinct suiuant, ou au troisiéme, ou plus outre s'il est besoin, iusqu'a ce qu'il y ait lieu de diuiser, & commencer l'operation, comme il appert és deux exemples suiuans.

Exemple premier de la la deuolution.

Equ à res. { aa + da ég. ff
aa + 954 a ég 18487

Canon de la res. { + db + .. dc
+ bb + 2 . bc
AB + . . cc
BC

Homog. à resoudre.	ff	1.8..87
Coefficient	d	1141
Homog. à resoudre.	ff	1184.87
Coefficient	d	95.4
Racine prém b ég 1	b	1
Pl. du coeff. & de la 1. ra.	db	954
Quarré de la 1 racine.	bb	1
Sõme des plans à sou.	Ab	96.4
		9
Reste de l'ho. à resoud.		88.47
Coefficient	d	9.54
Double de la racine	2.b	2
Somme de diuiseurs	B	974

Rac. seconde c ég. 9	dc	85|86
Pl. du db. de la 1. r. & 2. 2.	bc	1 8
Quarré de la sec. rac.	cc	181
Sõme des pl. à soustr.	BC	188|47

egale au reste de l'homog. à resoudre. Parquoy si 954 + aa ég. 18487, a ég. 19 par la voye retrograde de la composition.

Exemple 2 de la deuolution.

Equ. à res. { aa + da ég. ff. / aa + 675325. a ég. 36971984

Canõ de la resol. { + db + ..dc / + bb + 2.bc / —— + ..cc

AB ——

CB

Homog. à resoud. ff 3\|69\|70\| 19\|84

Coefficient d \| 67 \| 53 \| 25 \|
b \| \| 5 \| \|

Diuiseur A \|67\|58\|25\|

	db	3 37	66	25	
	bb		25		
Sô. des pl. à so.	AB	3 97	91	25	
Reste de l'ho. à res.		31	78	4 94	84
	d	6	71	32	5
	2. b		1	00	
Diuiseur	B	6	76	32	5
	dc	27	01	30	0
	2 bc		4	00	
	cc			16	
Sô. des pl. à so.	BC	27	05	46	0
Reste de l'ho. à res.			73	48	7 84
	d		67	51	25
	2. b			10	80
Diuiseur	B		67	6	05
	dc	4	72	72	75
	2 bc			73	60
	cc				49
	BC	4	73	48	84
Racine vniuers.		1	5	4	7

Probleme 2.

Estant donné l'homogene de l'equation aa — da ég. ff proposée en nombres, trouuer par l'analyse sa racine, qui est la valeur de la racine supposée a.

Soit l'equation proposée en nombres aa — 7 . ég. 60750.

Donc 7 ég. d & 60750 ég. ff.

Soit posé b + c ég. a

Donc b + c — d } ég. 60750
b + c b + c }

Canō de la res. { — db — dc ég 607
+ bb + 2.bc
— cc
Ab —
BC

Analyse		a
Homog. à resoud.	ff	60750
Coefficient	d — —	7
	b	2
	A	13

	—— db ——	14
	bb	4
	Ab	3 80
Reste de l'ho. à resoud.		2 2150
	d	7
	2.b	40
	B	3 95
	—— dc	35
	2.bc	2 0
	cc	25
	BC	2|21|15
		0 00 00
Racine vniuerselle		2 5 0

Practique de l'Analyse.

Ayant separé l'homogene 60750 de deux en deux figures, & mis le coefficient 7 en son lieu conuenable, faut prēdre la racine quarrée de la premiere separation, sçauoir la racine de 6, qui est 2, & mettre son quarré 4 au dessous du 6; puis multiplier le coefficient 7 par la racine 2, font 14. lesquels faut soustraire du quarré de la racine en y adioustant, ou conceuant deux 0, 0, & restera 386, lesquels estant ostez de l'homogene 60750, reste 22150, pour le reste de l'homogene à resoudre.

En apres i'auance d'vn degré le coefficient le posant au dessous de 5, la penultiéme figure du reste de l'homog. 5 & double la premiere racine 2 font 4, à quoy i'aioute deux 0, 0, font 400, dont ie soustrais le coefficient 7 & reste 393 pour le diuiseur, par lequel ie diuise 2215 & vient 5 pour la seconde racine, laquelle ie multiplie par le coeff. 7. font 35. le multiplie aussi le double de la premiere racine 4 par la seconde 5 font 20, & quarré encor, cette seconde racine 5 font 25, puis i'oste le premier produit 35 de la somme des deux autres qui font ensemble 2250 & reste 2215, lequel nombre estant osté du reste de l'homogene 22150, reste 0, qui denote que la troisiesme racine doit estre aussi 0.

6|07|50 (2 racine prem.

7

4|00|
|14|
3|86|

2 |21|50|(5. rac. 2.
| |7
|40|0

139 13

|3|5.
2|0|
|25|

2, 21, 5
Reste 0|00|00 (0 rac. 3.
Rac. vniu. |25| 0

Cas d'anticipation.

En l'equation aa —— da *ég.* ff. proposée à resoudre en nombre, il arriue quelquefois que le coefficient a plus de figures que l'homogene à resoudre n'a de sectiõ, parquoy pour faire la resolution, il faut preposer à l'homogene vne quantité de zeres, en sorte qu'il ait autant de sections que le coefficient contient de figures, & commencer la resolution en la premiere section vuide, comme par anticipation, ce que Viete appelle *Acephal*, c'est à dire sans chef ou commencement.

Exemple de l'anticipation.

Soit l'eq. à res. { aa — da. *ég.* ff
{ aa — 240a *ég.* 484

Canon de la res. { — db — . . dc
{ + bb + 2 . bc
— + . . cc

Ab. Bc

		2		
Homogene.	ff	0	04	84
Coefficient	—	d	—2	40
		b	2	

Diuiseur A 40

— db	4	80
bb	4	
Ab —		180
Reste de l'ho. à res.	84	84
d —	24	0
2.b	4	
B.	16	0
— dc —	96	0
2.bc 1	6	
cc	16	
B c	80	0
Reste de l'hom. à resoudre.	14	4

Extraction de la 3. racine.

Maintenant les deux racines trouuées ne font la fonction que d'vne.

Reste de l'hom. à res.		4184 (2)
— d	—	2140
2.b		418
B		2140
— de	—	4182

a.bc. 91|6
cc 14
B c 41|84

Racine vniuerselle de l'hom, a ·|42

Obseruation.

Faut noter que si l'on propose deux o,o, à l'homogene, les deux premieres figures de la racine vniuerselle a seront égales aux deux premieres du coefficient ; si trois o,o,o, les trois premieres figures dela racine vniuerselle seront egales aux 3. premieres du mesme coefficient, s'il n'y a qu'vn o, deuant la premiere sera égale à la premiere du coefficient, ou fort peu moindre.

Autre exemple, ou il y a trois o o o, prepolez à l'homogene.

Soit ff l'homagene 6254. & d. le coefficient 6253. selon cette obseruation, les trois premieres figures de la racine vniuerselle seront 6 : 5 égales aux 3. premieres du coefficient, & la resolution estant bien faite on trouuera que la racine vniuerselle de 000621 54. sera 6254. égale à l'homogene proposé.

Cas de l'Epanorthose, ou rectification.

Et quoy que l'homagene a resoudre consiste en autant de distinctions que le coefficient a de figures singulieres, neantmoins le coefficient s'auance quelquefois en tel lieu que si on n'y pren bien garde, on y sera souuent trompé en tirant la racine de l'homogene. Parquoy il faut en tel cas adiouter le quarré du coefficient à l'homogene a resoudre, & de la somme en extraire la racine, laquelle sera conuenable, ou prochainement moindre à icelle. Cette rectification a lieu és Equatiõs affirmatiues, lors qu'on doute en l'eslection de la premiere racine. Mais en celle-cy, il ne faut pas prendre la racine de la somme, Mais de la difference du quarré du coefficient, & de l'homagene à resoudre pour la premiere racine laquelle sera aussi celle qui faut, ou celle qui est prochainement moindre.

Exemple 1. de l'Epanorthose.

Soit l'equation a resoudre aa — da *ég*. ff ou aa — 732.a *ég*. 16005.

Can'de la resol.	— db — de + bb + 2 be — + cc	
	Ab	
	Bc	
Homogene donné	ff	50098
Quarre du Coefficient	dd	535824
Somme	ff + dd	621829
Racine singuliere prem.	b	8
	— d	— 732
	— db	— 5856
	bb	64
Hom. à soustraire	AB	544

Reste

Reſte de l'homog. à re.		31605
ſouſtraire.	— d	— 732
	2. b	1600
Diuiſeur	B	865
c ég. 3	— dc	2196
	2. bc	480
	cc	9
	Bc	2694
Reſte de l'homog. à reſoud.		4665
Racine augmentée	b	83
	— d	— 732
b ég. 830.	2. b	1660
Diuiſeur	B	928
c ég. 5.	— dc	— 3660
	2. bc	8300
	cc	25
Plan à ſouſtraire	Bc	4665
Racine vniuerſelle.		8. 3 5
		00000

Exemple 2. de l'Epanorthoſe.

Soit propoſé aa + 8 a ég. 128. N

Le coefficient quarré.
estãt osté de l'hom. — dd — 64
Reste le quare de la racine bb. 64
Requise 8. b 8

Dautant que la difference entre l'homogene 128, & le quarré du coefficient 8 est 64, pource la racine requise sera 8.

Problem 3.

Estant donné l'homogene de l'equation — aa + da ég. ff. laquelle est explicable en double racine, proposée en nombre en extraire Analytiquem l'vne & lautre racine egale a la racine requise a.

Soit l'Equation a resoudre. } — aa + da ég. ff
— aa + 370. aég. 926.

Canon de la resolution } + bb + dc
— bb — 2. bc
AB — . cc

Bc

Extraction de la moindre racine.

Analyse.

		rac. pr. 2.
Homogene à resoudre.		9261
Coefficient	d	370
b. ég. 2.	—b	2
Diuiseur	A	350
	db	740
	—bb	—4
Plan à soustraire	Ab	700
	Seconde rac.	7
Reste de l'homog. à resoud		2261
Coefficient	d	370
b ég. 20.	—2. b	—40
Diuiseur	B	330
c. ég. 7.	dc	2590
	—2 bc	—280
	—cc	49
Plan à soustraire	B	2261
Reste de l'homogene nul.		0000

Et partant la racine de a est 27.

Practique & explication

Ie diuise premierement les trois premieres figures de l'homogene sçauoir 926 par le Coeff. 370, & vient 2. pour la premiere racine, laquelle ie pose sur la premiere figure de l'homogene, & au dessous de la seconde du coefficient, sçauoir sous 7, puis ioste 2. c'est à dire 20. de 370. & reste 350, pour diuiseur.

Puis ie multiplie le Coefficient 370. par la racine 2, & vient 740, pour db; ie quarre la mesme racine, font 4, c'est à dire 40, au respect de la figure suiuante, & ostant 40, de 740, reste 700, pour le plan a soustraire, lequel estant osté de l'homogene 9261, reste 2261.

Maintenant pour trouuer la seconde racine. Ie luy adioute vn zere, dont le double fait 40, lesquels ioste du Coefficient, &

restent 310, pour le diuiseur, par lequel ie diuise le reste de l'homogene à resoudre 2260, & vient au quotient 7 pour la seconde racine, laquelle ie multiplie par le Coefficient font 1590; puis ie multiplie le double de la premiere racine decuplée, sçauoir 40, par la seconde racine 7, & vient 280, ie pren le quarre de cette seconde racine, qui est 49, que ie joints auec 280, font 319 que iotte du plan de 2590, & reste 2261 nombre égal à l'homogene à resoudre, & partant la moin[illegible] racine, est 27.

Extraction de la plus grande racine.

Homog, à resoud.	ff	3 09261
Coefficient	d	370
	—b —	3
	A	70

	db	11100
	—bb—	9
	Ab	12000
		11739
	d	370
b ég. 30.	—2b—	60
	B —	230
ég 4.	dc	1480
	—2 bc—	240
	—cc	16
	—Bc	1000
Reste de l'homog. à resoudre.		939
Reste de l'homog. à resoud.		939
	d	370
b ég. 340	—2.b —	680
Diuiseur	B	310
c ég. 3	dc	1110
	—2.bc	2040
	—cc	9
plan à soustr.	—Bc	939
Reste de l'hom. à res. nul.		00000
Racine maieure.		343

PROBLEMES ZETETIQVES,

Ou les equations ne montẽt point en l'échelle ou suite des degrez parodiques.

Probleme I.

Diuiser vn nombre proposé en deux, l'interualle desquels soit donnée. C'est la 1. quest. du 1. l. de l'Arith. de Diophante.

Soit le nombre donné D, 120. & l'interualle, ou difference b 39. Et il faut trouuer les deux nombres.

Analyse.

Ie pose pour le moindre nombre a. Donc le plus grand sera a + b. Et partant la somme de ces deux nõbres est 2 a + b. ég. d.
Dont ostant par l'antit. — b —— b
On aura 2. a ég. d — b

Et par le par. a ég $\frac{1}{2}$ d $\frac{1}{2}$ b 60 – 18 ou 42 pour le moindre nombre, lequel estant osté de 120, reste 78 pour le plus grand nombre.

La raison est que D a esté posé 120, dont faut prendre la moitié, (à cause du parabolisme, par lequel on a diuisé chaque partie de l'equation en deux parties égal,) qui est 60, pour $\frac{1}{2}$ D. Et l'interualle b, a esté posé, 36 dont faut aussi prendre la moitie, qui est 18 pour $\frac{1}{2}$ b, laquelle moitié estant ostée de 60, reste 42 pour le moindre nombre, lequel estant adiouté auec le plus grand 78, font ensemble 120; & ostant le moindre du plus grand, reste 36, l'interualle donné, selon la teneur de la question.

Si l'on veut trouuer le plus grand nombre premierement, faut proceder ainsi.

Ie pose pour le plus grãd nomb E.
Donc le moindre sera e +− b
Et la somme des deux sera 2 e +− b ég. d.

Antit. +− b +− b

2 e ég. d. +− b. 120 +− a 36

Parab. e ég. $\frac{1}{2}$ d − $\frac{1}{2}$ b

Ou 78 pour le plus grand nombre lequel estant osté de 120, Reste 24, pour le moindre.

Scholie I.

Ce probleme, ou question correspond au 1. Zetetique du 1. l. des Zetetiques de M. Viete. Il est ainsi proposé.

Estant donnée la difference de deux costez, & leur aggregé, trouuer les costez.

Par l'aggregé des costez, faut entendre le nombre proposé d, & par la difference, l'interualle b.

Scholie II.

On peut aussi diuiser tout nombre donné en autant de parties qu'on voudra, dont les interualles soient donnez.

Exemple.

Soit proposé à diuiser F 100, en trois parties, en sorte que la moyenne excedé la moindre de b 20, & que la plus grande excede la moyenne d de 24.

Ie pose pour la moindre a

Donc la moyenne sera a + b

& la plus grande a + d

La somme de ces trois est

3 a + b + d ég F

Dont ostant par l'ant. —b··d·
On a 3 a ég. F,--b—d. 100 · 64
Et par le Parab, a ég. $\frac{1}{3}$ F· $\frac{1}{3}$b· $\frac{1}{3}$ d:
ou $\frac{100}{3}$ —— $\frac{64}{3}$ qui font 12 pour le moindre nombre, auquel adioutant 20 l'excés du second sur le moindre feront 32, pour le second nombre ; & adioutant à celuy cy 24, l'exces du plus grand sur le second, feront 56, pour le troisiéme, lesquels ensemble font 100, nombre donné. Sur ce mesme fondement Ramus. Georg: Henischius, Salignacus & autres proposent cette.

Question.

Alexandre le Grand discourant vn certain iour auec le Philophe Calisthene vindrēt à parler de l'aage en cette sorte, I'ay (dit Alexandre) deux ans plus que Ephestion, Clyt a autant d'aage que nous deux ensemble & 4 ans dauantage, surquoy Calistene vint dire, Cecy me fait souuenir de mon pere, lequel ayant atteint 96 ans, accomplissoit vos trois aages ensemble. On demande combien d'années auoit alors Ephestion, Alexandre & Clyte.

Ie pose pour les ans d'Ephestion, a. Donc les ans d'Alexandre seront a + 2
Et ceux de Clyte 2a + 6

La somme des trois fait 4a + 88
ég. 96. & par l'antit — 8. — 8
On aura 4a ég. 96 - 8
Et par le parabol: a eg. 24 - 2
Donc Ephestion auoit 22. ans
Alexandre 24
& Clyte 50

96

Probleme II.

Trouuer vn nombre, dont vne ou plusieurs parties données estant ostées, reste vn nombre donné.

Cecy est conforme à cette question.

Vn certain auoit vne somme d'argent, dont il a mis le $\frac{1}{3}$ en vin, & la $\frac{1}{5}$ partie en bled. Il luy reste encor 60

On demande combien il auoit d'argent?

Ie pose A pour la somme d'argēt inconnuë. Donc $\frac{a}{3}$ en est la tierce partie, & $\frac{a}{5}$, la cinquiéme.

Et partant $\frac{a}{3} + \frac{a}{5}$ ég. 60 & par l'Isomer. $5a + 2a$ ég. 900

ou $7a$ ég. 900

Et par le parab. a ég. $128.\frac{4}{7}$

Donc il auoit 128, & $\frac{4}{7}$ d'vne liure,
Car le tiers est 42 $\frac{6}{7}$
la cinquié. 25 $\frac{5}{7}$

Qui font ensemble 68 $\frac{4}{7}$, lesquels estant ostez de 128 $\frac{4}{7}$ reste 60 conforme à la question.

Explication.

Apres auoir trouué l'équation $\frac{a}{3} + \frac{a}{5}$ ég. 60. Il faut multiplier les deux denominateurs ensemble sçauoir, 3 par 5, font 15, par lequel estant multiplié 60, (second terme de l'équation) le produit donne 900, puis soit osté l'aggregé des deux denominateurs, sçauoir 8, de 15, & reste 5 a + 2 a ég. 900, ou 7 a ég. 900. pour l'équation reduite par l'Isomerie. En apres diuisant chaque partie de l'équation par 7, on aura a ég. 128 $\frac{4}{7}$, reduite par le parabolisme.

Scholie.

M. Viete en son Isagogé, ou introduction sur l'art Analytique ne s'est seruy que de l'Antithese, de l'Hypobibasme, & du parabolisme pour la preparation, ou reduction des Equations; Mais ayant depuis consideré la difficulté qui s'y trouuoit tant a cause des fractions que de la multitude des affections; cela le porta a chercher & inuenter d'autres moyens, afin de faciliter la practique de la preparation des équations, ou il y a heureusement reüssi comme on peut voir en son 2. traitté de la correction, où il enseigne cinq manieres solemnelles pour la preparation d'icelles, dont l'Isomerie qui sert à éuiter les fractions, me semble la plus necessaire. Nous l'expliquerons icy vn peu amplement. Ceux qui en voudront voir dauantage auront recours à la source.

L'isomerie est vne espece de transmutation, qui se fait en multipliant chaque numerateur d'vne fraction (y ioignant les entiers s'il y en a) par le denominateur de lautre, comme aux fractions de l'Arithmetique commune.

Ou bien en prenant vn nombre, qui se puisse, exactement diuiser, par tous les denominateurs sans fraction ; & ce nombre pris s'appelle d'ordinaire commun denominateur ; par lequel on multiplie, premierement les entiers de chaque partie d'equation ; puis on multiplie le numerateur de chaque fraction selon la proportion de son denominatur ou commun diuiseur.

Que si la puissance de l'equation proposée vient iusqu'au cube, ou plus auant il faudra mettre d'ordre toutes les parties de l'equation selon l'ordre des degrez parodiques, y adioutant des Zeres, auec l'espece du degrez parodique, là ou l'ordre sera interrompu. Puis faut mettre l'vnité sur la puissance, & le commun denominateur sous le prochain degré inferieur suiuant, & continuer l'ordre, ou suite des nombre continuellement proportionaux iusqu'ala derniere partie de l'equation, qui est l'homogene de comparaison. Finalement on multipliera chacun de ces nombres proportionaux par chaqu[illegible] partie de léquation [illegible]orrespon[illegible]ante, dont on colli[illegible]a l'equation preparée sans aucune fraction, comme on verra aux exemples suiuans.

Exempble I.

Eqnation à reduire $\frac{10}{5}$ + $\frac{5}{4}$ ég. $\frac{19}{4}$

Equation reduite 40 + 5 ég 57.

Explication. Ie multiplie le numerateur de la premiere fraction, sçauoir 10, par le dominateur de la seconde 4, font 40; puis ie multiplie le numerateur de la seconde fraction, sçauoir 5, par 3, denominateur de la premiere, font 15. Et finalement, le multiplie 19 par 3, le produit est 57.

Donc l'equation proposée $\frac{10}{3}$ + $\frac{5}{4}$ ég. $\frac{19}{4}$

Est reduite en celle cy 40 + 15 ég. 57.

Exemple II.

Equation a reduire a + $\frac{5}{12}$ ég. 6 + $\frac{7}{8}$ a

Equation reduite 24 a + 10 ég. 144 + 21 a,

Explic. I'ay pris icy 24 pour commun denominateur; dautant qu'il se peut exactement diuiser par les deux denominateurs 12 & 8. Et par iceluy 24, i'ay multiplié les entiers de chaque partie de l'equation, sçauoir a par 24, font 24 a, & 6 par 24, font 144; puis i'ay multiplié 5 par 2, font 10, à cause que 24 contient le denominateur, 2, deux fois, & 7 par trois, font 21, à cause que 24, contient le denominateur 8, trois fois. Et ainsi i'ay trouué 24 a +— 10 ég. 144 +— 21 pour l'equation preparée.

Exemple III.

Equation à reduire 1 c +— $\frac{3}{2}$ a ég. 225

1e +— oq +— $\frac{3}{2}$ a ég. 225
1. 2. 4. 8.
6. 1800

Donc par l'Isomerie 1c +— 6 a ég. 1800

Et la racine preparée, est à la rac. proposée à reduire, comme 2 a 1.

Parquoy quand 1 a, vaut icy 12, il ne vaut là que 6.

Explic. dautant qu'en l'equation proposée à reduire 1c +— $\frac{3}{2}$ a ég. 225, l'ordre des degrez parodiques est interrompu. Car apres le cube doit suiure immediate ment le quarré; pourço, apres 1c, i'ay mis oq, puis + $\frac{1}{2}$ a ég. 225. Et pour le commun, denominateur. l'ay pris 2, lequel i'ay fait le second terme de la progression Geometique, posât le premier qui est l'vnité sous la puissance, & le troisiéme terme est 4, le quatriéme 8. Puis i'ay multiplié ce troisiéme terme 1 & 4, par $\frac{3}{4}$ a, font 9, & le quatriéme 225 par 6, font 1800.

Exemple IV.

Equation à reduite	1c	+ 3 $\frac{1}{2}$ q	— 1 $\frac{1}{3}$ a	7
	1,	6.	36.	216

Equation reduite 1c + 21q — 48 a ég. 1512

Explic. I'ay pris pour commun denominateur le nombre 6, parce qu'il se peut diuiser exactement par les deux denominateurs 2, &

5, & par consequent les nombres proportionaux sont 1, 6, 36, 216 par lesquels multipliant les parties de l'equation qui leur correspondent au dessus, il en vient 1. 21 48, 151 2 qui forment cette équation preparée,

1 c +— 21 q — 48 a ég. 1512

Exemple V.

Equation à reduire 1 c +— $\frac{5}{2}$ q ég. $\frac{325}{2}$

1 c +— $\frac{5}{2}$ q +— 0 a ég. $\frac{325}{2}$

1. 2. 4. 8

Equation red. 1. c +— 5 q ég. 1300. Et qu'and A de l'équation proposée à reduire vaut 5, A de l'équation reduite vaut 10.

Exemple VI.

Equation prop. 1 c +— a ég. $\frac{12}{4}$

1 c +— $\frac{11}{12}$ a ég. $\frac{57}{18}$

1. 12. 144.

Equatiõ prep. 1 c + 132 a ég. 8208

Explic. En cet exemple, ie reduis premierement les denominateurs en mesme denomination en multipliant par 3 tant le numerateur de l'homogene de comparaison que son denominateur, & i'ay $\frac{17}{12}$ Et la proportion sera 1, 12, 144, Parquoy par l'Isomerie 1 c + 132 a ég. 8208. Et la racine de l'equation preparée est à la racine de l'équation proposée, comme 12 a 1. partant.

L'ors qu'il se fait icy 18, il y a la $\frac{3}{2}$, ce qui est auoir diuisé premierement l'equation preparée par 4. Ainsi 1 c + 2112 ég 525312 Donc par la diuision Isometique 1 c + $\frac{2112}{16}$ a ég. $\frac{525312}{64}$

C'est à dire que 1 c + 132 a ég 8208.

Et quant a vaut là 72, il vaut icy 18, Parce que la racine de la diuision Isomerique est 4.

Exemple VII.

Equation à red. 9 q + 60 a ég. 1312
9. 12 16
Equation reduite 1 q + 5 a ég. 82.

Explicat i'ay pris icy pour le commun denominateur, cette raison $\frac{4}{3}$. Dautant que ayant reduit la puissance a l'vnité en diuisant 9 q par 9, les auttes parties de l'equation ne se peuuent pas diuiser exactement par 9 sans fraction. Et pour trouuer le second terme de la proportion, i'ay fait comme 3 est a 9: ainsi 4 a 12 & comme 3 est a 12; ainsi 4 est a 16. Puis i'ay iuisé 60 par 5, il vient 5 a, & 1312 ar 16, il vient 82, parquoy l'equation reduie est 1 q + 5 a ég. 2.

Problem III.

Trouuer vn nombre dont ne, ou plusieurs parties estant

adiouſtées enſemble, facent vn nombre donné.

Qu'il faille trouuer vn nombre, dont le quart & le quint eſtant adiouſtez enſemble facent 45.

Ie poſe pour le nombre req. A. donc $\frac{a}{4} + \frac{a}{5}$ ég. 45. par l'Iſomerie 5 a + 4 a ég. 900.
ou. 9 a ég. 900, & par le Paraboliſme a ég. 100.

Donc le nombre requis eſt 100, dont le quart 25 eſtant adiouté auec la cinquiéme 20

Fait 45

Probleme IV.

Diuiſer vn nombre propoſé en deux, ſelon vne raiſon donnée.

Dioph. 2 q. l. 1.

Soit le nombre doné D. Et la raiſon du moindre au plus gran ſubſeſquialtere comme R à S.

il faut trouuer les deux nombres.

Analyse.

Ie pose pour le moindre nombre A. Donc le plus grand sera D-A. Parquoy A, est à D-A. comme R à S. lequel Analogisme estant resolu par la multiplication des termes extremes, & des moyẽs on aura,

SA ég. RD—RA,
& par l'antit. +— RA +— RA

On aura. SA+—RA ég. RD.

Parquoy comme S +— R, est à R; ainsi D à A. & reduit en nombre, ainsi 3 +— 2 2. 80. 32

Partant 32 est le moindre nombre,

Ou bien

Ie pose pour le plus grand nombre E, donc le moindre sera D-E Parquoy E, est à D-E; comme S, à R. lequel analogisme estant resolu.

RE ég. SD-SE.
Et par l'antit +— SE +— SE

RE +— SE ég. SD,

R

Parquoy comme S + R. est à S;
ainsi D, à E. & reduit en nombre,
3 + 2, 3 80. 48.

Le moindre nombre sera donc. 32
& le plus grend 48

lesquels sont ensemble 80
& sont l'vn a l'autre en raison subjequi altere: Car comme 2. est a 3: ainsi 32, est à 48.

Cette question est conforme au 3 Zetetique du 1. liure des Zetet.

Scholie.

L'vsage de cette question est fort ample, tant en la Geometrie qu'en l'Arithmetique. De la practique d'iceluy, on a colligé vne maniere facile de diuiser vn nombre donné en autant de parties qu'on voudra, qui garderont entr'elles vne raison donnée, suiuant ce Canon.

Ayant pris deux nombres en la raison donnée, soyent iceux adioutez ensemble, & par leur aggregé soit diuisé le nombre donné : le quotient estant multiplié par chacun des nombres pris, donnera les parties requises du nombre donné.

Exemple.

Ie veus diuiser 153 en deux parties qui gardent la raison octuple. Ie pren donc deux nõbres en la raison donnée, sçauoir 1, & 8 lesquels i'adioute ensemble font 9, & par cet aggregé 9, ie diuise le nombre donné 153, le quotient donné 17, lequel ie multiplie par les deux nombres pris, sçauoir par 1, & 8. le produit du premier est 17. Car vne fois 17 font 17, & celuy du second est 136. Et partant 17, & 136, sont les parties requises du nombre donné 153, lesqueles s'excedent en raison octuple ; Car 8 fois 18 font 136. & les deux parties ensemble font 153 le nõbre donné.

Autre Exemple.

Qu'il faille diuiser 16 en deux, qui soient en raison quadruple.

Ie pren ces deux nombres 1 & 4, qui font ensemble 5. par lequel ie diuise le nombre donné 16, le quotient donne $3\frac{1}{5}$ ou $\frac{16}{5}$, lequel estant multiplie par 1. & par 4, le premier produit est $\frac{16}{5}$ pour le moindre nombre, & l'autre est $\frac{64}{5}$ pour le plus grand, lequel contient le moindre quatre fois & les deux ensemble font $\frac{80}{5}$ ou 16.

Autre exemple, appartenant à la Geometrie.

Qu'il faille diuiser vn plan contenant 4 toises en deux autres plans semblables en raison, de 4 à 9.

I'adioute les deux termes de la raison ensemble, qui font ensemble, qui sont 13, par lequel nombre ie diuise le nombre donné 4, le quotient donne $\frac{4}{13}$ lequel estant multiplié par le premier terme de la raison donnée, sçauoir par 4. le produit est $\frac{16}{13}$ pour le premier plan, & le mesme quotient $\frac{4}{13}$ estāt multiplié par 9, (qui est le second terme de la raison donnée) le produit est $\frac{36}{13}$ pour l'autre plan, & ces deux plans ensemble font $\frac{52}{13}$ ou 4, qui est le nombre donné.

Probleme V.

Trouuer deux nombres en raison triple, en sorte que le plus grand excede le moindre de 20.

Quest. 4 du 1. l. Dioph. à quoy respond le 2 Zetet. du 1. liu. des Zetet. Viete.

Ie pose pour le moindre nombre

A. Donc le plus grand sera $\frac{5 \cdot a}{4 \cdot a}$ quintuple du moindre, & l'interualle ou difference 4 a ég. b. 20 & par le parabolisme a ég. $\frac{1}{4}$ b. 5.

Donc le moindre nombre sera 5. & partant le plus grand 25, quintuple de 5; & ostant 5 de 25, reste l'interualle donné 20.

Monsieur Viete le propose ainsi:

Estant donnée la difference de deux costez, & la raison d'iceux, trouuer les costez.

Soit b, la difference des deux costez, 12. Et la raison du moindre au plus grand R à S, 2, à 3. Il faut trouuer les costez.

Analyse.

Ie pose A pour le moindre costé donc A + b, sera le plus grand costé. parquoy A est à A + b, comme R à S. lequel resolu par la multiplication des extremes, &

des moyens, on à SA ég. RA + Rb.

Et par l'antit. — RA — RA.

on a SA — RA ég Rb.

Et le tout estant diuisé par S—R

On a .... $\frac{Rb}{S-R}$ ég. A

Parquoy, comme S—R, est à R; ainsi B, est à A.

S—R,	R.	B.	A
3—2, ou	1.	12.	24.

Ou bien.

Ie pose E pour le plus grand costé donc le moindre sera E—b.

Parquoy E, est à E—b : comme S à R. Et cet Analogisme estant resolu.

on aura ER ég. SE — Sb

Antit. + Sb + Sb

ER + Sb ég. SE

Antit. — ER — ER

Equation red. Sb ég. SE — ER

parquoy comme S—R est à S, ainsi B est a E.

Probleme VI.

Trouuer la longueur hauteur & épaisseur d'vne muraille contenant 9216 pieds cubes, dont la longueur est quadruple de sa hauteur & sa hauteur sextuple de son épaisseur.

Ie pose pour l'épaisseur a
Donc sa hauteur est 6 a & sa longueur. 24 a
Or ces trois termes estant multipliez l'vn par l'autre font 144, a C ég. 9216. pieds cubes & par le parabolisme, diuisant 9216, par 144, vient Ac ég. 64. dont le cube est. 4

Donc l'épaisseur est de 4 pieds la hauteur de 24, & la longueur de 96.

Prroblem VII.

Vn certain homme s'en allant tout bellement en quelque lieu est éloigné de 150 pas geometriques d'vn autre, qui veut l'atteindre, & cour deux fois & demy plus viste. On demande combien le premier aura fait de pas geometriques, lors que le second l'atteindra.

Cette question se doit resoudre selon le fondement du 5 probleme ainsi.

Analyse.

Ie pose pour les pas du premier A. donc le second aura fait. a + b Et parce que le second va deux fois & demy plus viste que le premier : pource A est à A + b

comme R ad S.
Lequel Analogisme estant resolu par la multiplication des termes extremes, & des moyens, on aura

SA ég. RA + Rb

Et par lantit. — RA — RA

SA — RA ég. Rb

Parabol. Rb

Donc S — R ég. A.

Application aux nombres.

Soit b 150. R 2, S, 5.
Maintenant si l'on multiplie b par R le produit sera Rb 300. & ostant R 2, de S, le reste sera S — R 3. Et enfin diuisant 300 par 3, le quotient donne 100 pas.
Donc la valeur de la racine A est 100 pas Geometriques que le premier aura fait, aquoy adioutant 150 pas, font 250 pas, que le second aura fait pour atteindre le premier.

Probleme VIII.

On veut changer vn demy Loüys en des sols marquez, & des deniers, en sorte qu'on dit autant d'vne espece que de l'autre. On demande combien il en faut de chaque espece.

Ie pose pour le nombre des sols marquez A.

Donc le nombre des deniers sera 15 a parce que vn sols marqué vaut 15 deniers. Partant 1 a + 15 a ou 16 a, seront égaux à 1200 deniers qui est la valeur du demy Loüys, vallant 100 sols, & par le parabolisme, diuisant 1200 par 16; le quotient donné 75 pour le nombre de chaque espece; Car 75 sols marquez font 93 sols tournois & 9 deniers : 75 deniers font 6 sols tourn. & 3 den. qui font ensemble 100 sols.

Probleme IX.

Trouver deux nombres en proportion donnée, en sorte que la difference de leurs quarrez soit en proportion donnée a l'excez des nombres trouuez.

Soit la proportion des nombres requis comme 3 à 1. Et la proportion de l'excez des quarrez, comme 12 à 1.

Ie pose pour le moindre nombre a, Donc le plus grand sera. 3 a
Leur excez est 2 a
Les quarrez des nombres sont a q, 9 q & leur difference est 8 q ég. 24 a par l'hypobibasme 8 a ég. 3. & par le parabol a ég. 3

Donc le moindre nombre est 3. le plus grand est 9
Leur excez, ou difference 6
Et les quarrez des nombres trouuez 9 & 81, dont l'excez est 72

contenant l'excez des nombres trouuez 12 fois, selon la teneur de la question.

Problem X.

Trouuer deux nombres en proportion donnée, en sorte que le produit de l'vn par l'autre ait à leur somme vne proportion donnée.

Que les nombres requis ayent ensemble la proportion quadruple, & que le nombre produit de l'vn par l'autre soit à leur somme en proportion septuple.

Ie pose pour le moindre a

Donc le plus grand est 4 a

Leur somme est 5 a

le produit de la multiplication de l'vn par l'autre est. 4 q

Qui doiuent auoir proportion septuple à 5 a; partant 4 q ég. 35 a

& par l'hypobib. 4 a ég 35

& par le parab. a ég $8\frac{3}{4}$

Donc le moindre nombre est $8\frac{3}{4}$ ou $\frac{35}{4}$, le plus grand $\frac{140}{4}$, leur somme $\frac{175}{4}$.

Et multipliant $\frac{35}{4}$ par $\frac{140}{4}$ le produit donné $\frac{4900}{16}$, qui est en proportion septuple à $\frac{175}{4}$.

Probleme XI.

Trois marchans ont gaigné 700 escus, l'esquels ils ont distribué entr'eux selon l'argent qne chacun a mis au negoce, en sorte que la portion du second excedoit la portion du premier de 12 escus; & la portion du troisiéme excedoit la portion du second, de 16 escus. On demande combien estoit la portion de chacun.

Ie pose pour la portion du premier A. Donc la portion du second est a + 12. & celle du troisiéme a + 28

Ces trois portions font ensemble 3 a + 40

Et partant 3 a + 40 ég 700
— 40 — 40

3 a ég 660.

Et par le parab. a ég 220. portion du 1.

	12
220	232. port, 2.
232	16
248	248 port, 3.
700.	

Probleme XII.

Vn changeur à 560 pieces de deux sortes de monnoye, qui valent 160 escus. Les vnes valent $\frac{1}{3}$ d'vn escu & les autres $\frac{1}{4}$. On demande com-

bien il y a de pieces de chaque espece.

Ie pose pour la premiere espece a
Donc l'autre espece sera 560 − a,
Parquoy 1, est à $\frac{1}{3}$; comme 1 a, est à $\frac{a}{3}$.

Item. 1, $\frac{1}{4}$ 560 — a

$\frac{560 - a}{4}$

Les quatriémes nombres trouuez équiualent à 160 escus La somme de leurs nombres fait 140 + $\frac{a}{12}$. Car $\frac{560 - a}{4}$ vaut 140 — $\frac{a}{4}$, aquoy adioutant — $\frac{a}{3}$ la somme est 140 + $\frac{a}{12}$) Donc 140 + $\frac{a}{12}$ ég. 160 & par l'antit.

— 140 — 140

$\frac{a}{12}$ ég. 20

Et par le parab. a ég. 240
Donc il y aura 240 pieces de la premiere espece de monnoye, dont chacune vaudra $\frac{1}{3}$ d'escu Et

ostant

ostant 240 de 560, reste 320 pour le nombre des pieces du second. Enfin ie d'y,

comme 1, est a $\frac{1}{3}$; ainsi 240, est à 80

& 1, $\frac{1}{4}$; $\frac{320}{560}$, $\frac{80}{160}$

Probleme XIII.

Vn marchand a vendu pour 40 escus, 20 lb. de marchandise en safran, & en zinzembre. Or il a vendu la liure de safran 3 esc us, & vne liure de zinzembre vn demy escu. On demande combien il y auoit de liures de safran, & de zinzembre.

Ie pose A pour les lb. de safran. Donc les lb. de Zinzemb. seront 20−A. de safr. esc

Et partant 1 lb. est à 3; comme A est a 3 a

& 1. lb. Zinz. $\frac{1}{3}$, 10 — a, $\frac{20-a}{2}$

Il y a donc équation entre la somme colligée de 3 a d'escuz, & $\frac{20 — a}{2}$, & 45 escus. Or cette somme est 10 +— $\frac{5}{2}$ a, (car $\frac{20 — a}{2}$ fait par abbreuiation 10 —— $\frac{a}{2}$, auquoy adioutant 3 a d'escus la somme fait 10 +— $\frac{5}{2}$ a) Parquoy

10 +— $\frac{5}{2}$ a ég. 45

Antit. —— 10 —— 10

Parabol. $\frac{5}{2}$ a ég 35

a ég. 14.

Donc il y auoit 14 liures de safran, & ostant 14 de 20, reste 6 pour le nombre des liures du Zinzembre. Ce qui se prouue ainsi.

safran escus escus

Si, vne lb, couste 3; comb. 14? R 42

Zinz d'escus

Si, 1 lb, couste $\frac{1}{2}$; comb. 6 lb. R 3

L'on voit que du prix des 14 lb. de safran, & des 6 lb. de zinzembre, on collige les 45 escus.

Probleme XIV.

Vn marchand doit payer 100 escus en 4 termes, sçauoir le deuxiéme terme vn escu plus que le premier, le troisiéme terme vn plus qu'au second, & le quatriéme, vn plus qu'au troisiéme On demande combien il payera à chaque terme.

Ie pose pour le premier terme a,

Donc le 4 terme sera a + 3

La somme est, 2 a + 3

laquelle multipliée par 2

Donne 4 a + 6 ég. 100. 4 a + 6

Antit. — 6 — 6

4 a ég. 94

Parab a ég. 23 $\frac{1}{2}$ pour le 1, terme.

Aquoy adioutant. 1

fait 24 $\frac{1}{2}$ pour le 2 terme

23 $\frac{1}{2}$	1	
24 $\frac{1}{2}$	25. $\frac{1}{2}$	pour le 3 terme
25 $\frac{1}{2}$	1	
26 $\frac{1}{2}$	26 $\frac{1}{2}$	pour la 4 terme
100. escus.		

Probleme XV.

Deux personnes ioüent ensemble, l'vn pert 170 liures en 4 chances, s'augmentans en proportion quadruple. On demande combien il a perdu a la premiere chance.

Ie pose pour la premiere A:

Dont la seconde sera	4 a
La troisiéme	16 a
& la 4,	64 a
Donc la somme est	85 a ég. 170
par le parabol.	a eg. 2

Donc il a perdu 2 liures la premiere chance. 8

32

128

170

Probleme XVI.

Trois marchans ayant fait compagnie ensemble ont gaigné 300 liures, dont le premier en pren 5 plus que le second, & le troisiéme en pren 10 plusque le second. On demande combien chacun pren du gain.

Ie pose pour le second a

Donc le premier aura $a + 5$

& le troisiéme $a + 10$

somme. $3a + 15$ ég. 300

a ég 100 — 5

Donc le second, en prend 95

le premier. 100

& le troisiéme. 105

300

Probleme XVI.

On a vendu 8 aunes de drap d'Hollande, & trois aulnes de drap commun 126 escus; & au mesme prix 2 aunes d'Hollande & 4 aunes de commun ont coûté 64 escus.. On demande combien vaut l'aune de chacun?

Ie pose pour le prix d'vne aune d'Hollande A.

Et pour 1 aune du commun E,

Donc 8a + 3 E ég 126.

Et par l'antit — 8a —— 8a

3 ég. 126 —— 8a.

Parab. ég. 126 —— 8a.
2

En apres d'autant que E (qui a esté posé pour le prix d'vne aune du drap commun) a esté trouué égal à 126 —— 8a
3

les 4 annés feront $\frac{504 - 3a}{3}$.

Et partant $2a + \frac{504 - 32a}{3}$ a ég. 64.

Et par l'isomerie $6a + 504 - 32a$ ég. 192 par l'antit $26a$ ég. 312

Et par le parab. a ég. 12

Donc l'aune du drap d'Hollande à cousté 12 escus & l'auné du commun 10 escus. Car multipliant 8 annés par 12, il vient 96 escus pour les 8 aunes d'Hollanlande, & ostant 96 de 126, reste 30 escus pour les 3 aunes du commun, le prix de l'aune duquel est 10 escus, & par ainsi les 4 aunes font 40 escus, qui font auec 24 escus (pour deux aunes du drap d'Hollande) les 64 escus selon la proposition.

Cette question semble de prime abord estre de mesme nature que la 2 du 25 ch. de l'Algebre de Pelletier, ou la 38 du 31 ch. de l'Algebre de Clauius; Mais si l'on y prend bien garde, on trouuera qu'il y a vne grande difference;

Car en celle cy les deux nombres de la premiere partie de la question sont entierement differens de ceux de la seconde partie; & en celle de Pelletier & Clauius, le second nombre de la premiere partie est mesme que le second de la seconde Ce qui a fait qu'ils n'en ont pas fait la solution par les secondes racines. Voicy le mesme exemple de Pelletier,

Sept aunes de velours cramoisy, & 3 aunes de velours noir se vendent 58 escus; & au mesme prix, 2 aunes de velours cramoisy & 3 aunes de velours noir valent 23 escus; On demande combien vaut l'aune de cramoisy.

Ie pose pour l'aune du cramoisy a
Donc les 7 aunes vaudront 7 a
Et les 3 aunes du noir, couteront
58 —— 7 a
Mais les 2 aunes du cramosy valent 2 a

Donc

Donc les 7 aunes voudront 7 a
Et les 3 aulnes du noir cousteront,
58-7a
Mais les 2 auln, du cramoisy val.
2 a
Donc les 3 aulnes du noir vaudront 23—2a
Et partant 23—2a eg. 58—7a
Par l'antit. +7a +7a

23+5a eg 58
Par l'antit. —23 —23

5a eg. 35
Parabol. a eg. 7

Donc l'aulne du drap cramoisy vaut 7 escus & l'aulne de drap noir 3 escus ; Car les 7. aulnes du cramoisy font 49, à quoy adioutant 9 pour les trois aulnes du noir font 58 escus.

Item deux aulnes du cramoisy font 14 escus, & auec 9 escus pour les trois aulnes de noir font 23 escus, selon la question: Ou l'on voit qu'on y employe qu'vne sorte de racine, sçauoir A.

Que si les 7 aulnes de cramoisy auec les 3 aulnes de noir coustent 58 escus, & que au mesme prix 2 aulnes de cramoisy & 4 aulnes de noir coustent 26 escus, les 3 aulnes de drap noir cousteront 58 escus — 7a. Et les 4 aulnes de noir cousteront 26 escus — 2a, posant a pour vne aulne de cramoisy, comme auparauant. Mais il n'y aura pas equation entre 58 — 7 & 26 — 2a. Parce que le premier nombre est le prix de trois aulnes de drap noir, & l'autre est le prix de 4 aulnes. Il faut donc premierement trouuer le prix de 3 aulnes par celuy des 4 aulnes, par la regle de proportion, ainsi

4 aulnes coustent 26 escus — 2a, combien 3 aulnes? & viendra $\frac{78 - 6a}{4}$ pour le prix des 4 aulnes, & par ainsi 58 — 7a ég. $\frac{78 - 6a}{4}$

26
3
―――
78 — 6a
―――
4

& par l'Isom. 232 — 28a ég 78 — 6a
+ 6a + 6a
―――
232 — 22a ég. 78
+ 22a + 22a
―――
232 ég. 78 + 22a
―――
232 ég. 78 + 22a
— 78 — 78
―――
154 ég. 22a
7 ég a.

PROBLEMES ZETETIQVES,

Ou les equations montent au second degré parodique.

Probleme I.

Estant donnée la moyenne des trois lignes proportionnelles, & la difference des extrêmes, trouuer les extremes.

MOnsieur Viete en son liure de la correction des equations chapitre 3. enseigne que les comparaisons, qui ont lieu aux lignes droites, les mesmes se peuuent apliquer à quelconque racines homogenes simples, planes, solides, &c. Ainsi en la figure suiuante en laquelle FD, represente la moyenne proportionelle entre les extremes, dont la mineure est FC, & la maieure BF, nous appliquerons à ce probleme, d. pour la moyenne proport. FD; b pour la difference des extremes GF; & A pour l'vne des extremes, maieure ou mineure.

Soit donnée la moyenne proportionelle d, & la difference des extremes b, & il faut trouuer les extremes.

Ie pose a, pour la mineure extreme. Donc la maieure extreme sera a + b.

Et dautant que ce qui se fait sous

les extremes est égal au quarré de la moyenne, par la 17 p, 6. pource, ie multiplie la mineure extreme a, par la maieure extreme a + b.

Il en vient aq + ba.

Donc aq + ba ég. dq. Et tirant la racine de aq + ba proposée en nombre, on trouuera la valeur de a, suiuant la doctrine du 1. probl. de l'Exegetique nombreuse, ou par la maniere vulgaire.

Par l'Exegetique.

Soit d, 12, & b, 10 le quarré de 12, qui est 144, sera l'homogene, & 10, le coefficient. Et par ainsi l'equation exegetique proposée en nõbre sera, aa + da, 10 ég 144 ff, laquelle se resout facilemẽt ainsi,

144 ff (8. rac. b
10. d

64
80

144

Ie regarde qu'elle peut estre la la racine quarré de l'homogene 144. estant icelle multipliée par soy mesme, & par le coefficient 10. Car il faut que la somme des deux produits soit égale à l'homogene. Ie trouue que c'est 8; d'autant que le quarré de 8, qui est 64, & le produit de la mesme racine 8 par le coefficient 10, sçauoir 80, font ensemble 144. Et partant 8 est la mineure extreme des trois lignes proportionelles.

Par la maniere vulgaire.

1. Il faut premierement noter que l'equation est ... affirmatiue directe comme aq + ba ég. d.
2. Ou negatiue directe comme aq — ba ég. d.
3. Ou negatiue indirecte comme ba — aq ég. d.

La demonstration de l'equation affirmatiue directe est fondée sur la 9 p. des effections.

La negatiue directe sur la 10.p. des mesmes effections.

Et la negatiue indirecte sur la 11. p. des mesmes effect.

Mais auant que de chercher la valeur de la racine, il faut preparer l'equation en sorte que la puissance, qui est le quarré, le cube, ou le qq.&c. fasse vne partie de l'equation & soit égale aux deux autres, qui font l'autre partie de l'equation: Car si vous prenez garde à ces trois especes d'equations vous n'y trouuerez pas que le quarré soit tout seul faisant vne partie de l'equation, au contraire, il est meslé par tout auec le signe + ou —. [illegible]s la preparez donc en cette sorte.

Preparation de la premiere equation.

	aq + ba	ég. d.	
par l'antit.	— ba		— ba
Equation prep.	aq	ég. d	— ba.

Preparation de la seconde equation.

aq — ba ég. d.
par l'antit. +— ba +— ba
Equation prep. aq ég. d +— ba.

Preparation de la troisiesme equation.

ba — aq ég. d
par l'antit. +— aq +— aq
ba ég. d +— aq
par l'antit. — d — d
Equation prep. ba — d ég. aq.

Ayant maintenant l'equation preparée, & reduite comme il faut, on en cherchera la valeur, ainsi

1. Soit prise la moitié du nombre des racines.

2. Soit adiouté, ou soustrait le quarré de cette moitié au nombre absolu selon l'espece, du signe +—, ou —, dont il est affecté.

3. Soit tirée la racine de la somme, ou du reste.
4. Soit adioutée, ou soustraite (selon l'espece du signe) à cette racine, la moitié du nombre des racines, & la somme, ou le reste sera la valeur de la racine requise.

Exemple.

Ie veus trouuer la valeur de la racine de l'equation proposée cy dessus aq + ba ég. d, laquelle estant preparée est aq ég. d — ba. Et estant reduite en nombre est 1 q ég. 144 — 10 r.

Ie pren donc la moitie des 10 r, qui sont 5 r dont le quarré est 25, auquel i'adioute le nombre absolu 144 font 169, dont la racine quarrée est 13. Et de cette racine ostant 5 r à cause du signe —, Il reste 8, pour la valeur de la racine qui est la mineure extreme des trois proportionelles.

Et pour trouuer la maieure, il ne faut que faire le contraire du signe de l'affection du nombre des racines, adioutant 5 r auec les 13 font 18, pour la maieure extreme. Que si l'on diuise le quarré de la moyenne, sçauoir 144, par la mineure 8, le quotient donnera aussi la maieure extreme 18.

Consectaire.

D'où s'ensuit que tous les problemes, en la resolution desquels on trouuera l'equation semblable à quelqu'vne, des trois cy-dessus mentionnées, se resoudront & demonstreront par la 9, 10, ou 11 p. des effections. Comme par exemple la 33 question du 1. l. de Diophante se resout de mesme façon que ce premier probleme, & se demonstre per la 9. p. des effections. cette 33. question s'enonce ainsi.

Estant donnez l'interualle, & le produit de la multiplication de deux nombres, trouuer iceux nombres.

Car l'interualle des deux nombres s'applique à b, & le produit de leur multiplication, à d.

Soit l'interualle, ou difference des deux nombres requis 4, & le produit de leur multiplication 96,

Ie pose a pour le moindre nombre.

Donc a + b, est le maieur.

Et multipliant ces deux nombres l'vn par l'autre, il vient aq + ba ég. dq. laquelle equation estant affirmatiue directe, me monstre qu'il la faut resoudre par ce probleme, & la demonstrer par la 9. p. des effections.

Prep.

aq + oa ég. dq. ou 1q + 4 r ég. 96
par l'antit. — 4 r — 4

Equation prep. 1q ég 96 — 4 r
La moitié des racines — 2 r

Quarré de la moitié des racin. 4
Nombre absolu 96

Somme, ou aggregé 100
Racine de l'aggregé 10
La moitlé des racines soust. — 2 r

Valeur de a, qui est le moindre nombre 8

Et adioustant 10 auec 2 font 12, pour le plus grand des deux nombres, dont l'interualle est 4. conforme à la teneur de la question.

A ce probleme conuient encor le troisiesme zetetique du 1. des zet. qui est tel.

Estant donné le rectangle compris sous les costez, & la difference des costez, trouuer les costez.

Parce qu'en faisant la resoulution du zetetique selon la doctrine de ce premier probleme on trouue que l'equation est affirmatiue directe, & partant on trouuera les deux costez tout de mesme qu'on trouue les deux lignes extremes des trois proportionelles; Car le rectangle BFC, dõt le moindre costé est FC, & le maieur BF, est egal au quarré de FD, qui represente le quarré de la moyenne proportionelle d. & GF, qui est la difference des costez s'applique à

b. & faut noter que par le rectangle donné on entend tousiours la moyenne prop. d.

Que s'il estoit proposé à trouuer le plus grand costé, ou la maieure extreme, la resolution se feroit ainsi.

costé maj. a

costé min. a — b

Eq. neg. dir. aq — ba ég. dq
+ ba + ba

Eq. preparée. aq ég dq + ba.
ou 1q ég. 144 + 10 r
+ 5 r
25
144
169
13
+ 5

Costé maieur. 18

La demonstration est fondée sur la 10 & 12 p. des effections, & sur le 2 Theor du 3. ch. de la correct. des equations.

Probleme II.

Estant donnée la moyenne de trois lignes proportionelles, & l'aggregé des extremes, trouuer les extremes.

Soit la moyenne proportionelle d, & l'aggregé des extremes b il faut trouuer les extremes.

Ie pose a pour la maieure.

Donc la maieure sera b — a ; & multipliant a par b — a, il vient ba — aq.

parquoy ba — aq ég. dq. & par l'ant

+ aq + aq

ba ég. dq + aq

— dq — dq

Eq. prep. ba — dq ég. aq.

en nombres 26 r — 144 ég. r q posant 12 pour la moyenne d, dont le quarré est 144. & 26 pour l'aggregé des extremes b.

□	13	
	169	
	— 144	
	25	
	+ 5	— 5
	13	13
maieure	18	8 mineure.

Ce probleme est fondé sur la 11 & 13. p. des effect. & sur le 3. Theoreme du 3 ch. de la correct. des Equations, il est ainsi enoncé au 4 Zetet. du 2 liure des Zet.

Estant donné vn rectangle, & la somme des costez, trouuer les costez.

La 30 question du 1. l. de Diophante conuient encor à ce 2 probleme, laquelle il énonce ainsi.

Trouuer deux nombres, en sorte que leur somme, & le produit de la multiplication de l'vn par l'autre, fassent deux nombres donnez.

Soient les deux nombres donnez b, & d, & il faut trouuer deux autres nombres en sorte que l'aggregé des deux ensemble soit égale à b, & la produit de leur multiplication égal à d.

Ie pose a pour le moindre nombre.

Donc le plus grand, sera b — a & multipliant l'vn par l'autre, le produit de leur multiplication sera ba — aq. Parquoy ba — aq ég. dq. Et posant 20 pour la somme des deux nombres & 96 pour le produit de leur multiplication, ba sera 20 r, & dq. 96. & l'equation estant preparée comme cy-dessus, on aura 20 r — 96 eg. 1q.

	+ 10 r	
	100	
	— 96	
Reste	4	
	2	2
	+ 10	+ 10
Reste	8.	12.
	12	8
	96	20.

Donc 8 & 12 sont les deux nombres requis: Car 8 & 12 font 20, & 8 fois 12 font 96. conforme à la question.

Probleme III.

Estant donnée la premiere des trois lignes proportionnelles, & la difference de la seconde & troisiesme, trouuer les deux autres.

Soit b, la premiere, ou mineure

extreme, & d, la difference entre la seconde & la troisiesme. Il faut trouuer la seconde, & la troisiesme.

Ie pose a pour la seconde.

Donc a + d sera la troisiéme.

Et dautant que le quarré de la seconde est égal, à ce qui se fait sous les extremes ; pource ie multiplie b par a + d, & le produit donne ba + bd. Donc aq ég. ba + bd. Et en nombres posant b 8, & d 6. L'equation sera 1 q ég. 8 r + 48

moitié des racines . . .	4r
son quarré	16
nombre absolu add. . . .	48
somme	64
racine	8
moitie des racines . . .	4r
Moyenne prop.	12.
à quoy adioustant	6. la diffe.
vient la troisiesme	18

Probleme IV.

Estant donnée la premiere des trois proportionnelles, & l'aggregé de la seconde & troisiesme, trouuer les deux autres.

Soit b, la premiere des trois proportionelles & d, l'aggregé de la seconde & troisiesme, il faut trouuer les deux autres, sçauoir, la moyenne prop. & la maieure extreme.

Ie pose a pour la seconde.

Donc d—a, sera la troisiéme.

Et dautant que le quarré de la seconde, est égal au rectangle sous les extremes; pource ie multiplie la mineure b, par la maieure extreme d—a, le produit donne ba—bd. Donc aq ég. ba—bd. & posant

b 8, d 30 son aura 1q ég. 8r—240.
Car 8 par 30 font 240.

4 r
16
240
256
16
4

Moyenne prop. 12

Et diuisant le quarré de la moyenne proportionelle, sçauoir 144 par la mineure 8, le quotient donne 18 pour la troisiéme prop. requise.

Probleme V.

Estant donnée l'hypotenuse d'vn triangle rectangle, & la difference des costez comprenans l'angle droit, trouuer iceux costez.

Soit l'hypotenuse d'vn triangle rect. D, 13, & la difference des coſtez comprenans l'angle droit B 7.

Ie poſe pour la ſomme des coſtés comprenans l'angle droit a

Donc le double du plus grand coſté ſera a + b

& le double du moindre coſté a — b

Les quarrez de ces coſtez adioutez enſemble ſont 2aa + 2bb ég. 4dd.

— 2bb — 2bb

Diuiſant le tout 2aa ég. 4dd — 2bb par 2. il ſe fait aa ég. 2dd — bb

Donc la ſomme des coſtez eſt 17: Car le quarré de D, 13 eſt 169, ſon double eſt 338, dont oſtant le quarré de B 49 reſte 289, quarré de la ſomme des coſtez comprenans l'angle droict, 17. Maintenant la difference des deux coſtez eſt donnée b 7, & leur aggregé d 17, Parquoy on trouuera les coſtez par le premier probleme, en cette maniere.

Ie pose pour le moind. costé a

Donc le plus grand sera $a + b$

& leur somme $2a + b$ ég. d

antit. $-b \quad -b$

$$2a \text{ ég. } d - b$$

$$a \text{ ég. } \tfrac{1}{2} d - \tfrac{1}{2} b$$

Donc le moindre costé a, sera 5 & le plus grand 12; Car la moitié de d 17, est 8 $\frac{1}{2}$, dont ostant la moitié de b 3 & $\frac{1}{2}$ reste, 5.

Et ostant 5 le moindre costé de l'aggregé d 17, reste 12 pour le plus grand des costez qui comprenent l'angle droit.

Estant donc donnée l'hypotenuse d'vn triangle rect. &c. On trouuera les costez comprenans l'angle droit.

Car le double quarré de l'hypotenuse, moins le quarré de la difference des costez compren. l'angle droit, est égal au quarré de leur aggregé.

Ce

Scholie.

Le probleme est tiré du 5 Zet du 3. liure des Zetetiques de M. Viete, qui la resolu par les nombres irrationaux, posant pour le costé du quarré de d, l.289, & conclud par les costez compren. l'angle droit sont

$l.72\frac{1}{4} + 3\frac{1}{2}$, & $l72\frac{1}{4} - 3\frac{1}{2}$;

Or ie trouue la valeur de chaque costé exactement & tres-facilement par le moyen de la table des 100 quarrez (laquelle vous trouuerez en nostre traicté de la *Geodesie & des Fortific.*)

ainsi l72' donnent 80, 4852'''.

$\frac{1}{4}$ donne 0, 0148

$+ 3\frac{1}{2}$ donne 3, 5000

Sõme pour le grãd 12, 000. costé

l 72 donnent	8, 4852
$\frac{1}{14}$	0 0148
	8. 5000
Ostez en $-3\frac{1}{2}$	8, 5000
Reste 5. pour le moin.	5, 0000

Et partant l 72 $\frac{1}{4}$ + 3 $\frac{1}{2}$ vaut 12.

& l 72 $\frac{1}{4}$ — 3 $\frac{1}{2}$ vaut 5.

Probleme VI.

Estant donnée l'hypotenuse d'vn triangle rectangle, & la somme des costez comprenans l'angle droit, trouuer iceux costez.

6. Zet. du 3. liure du Zetet.

Car le double quarré de l'hypotenuse, moins le quarré de l'aggregé des costez comprenant l'angle droit, est égal au quarré de la difference des costez,

Soit encor l'hypotenuse 13, & la somme des costez comprenans l'angle droit 17.

Ie soustrais premierement le quarré de 17 sçauoir 289 du double quarré de l'hypotenuse 338, & reste 49 qui est le quarré de la difference des costez b7.

Et delà estant donnez la difference b7, & l'aggregé des costez d 17, on trouuera par le premier probleme, & comme nous auons fait au probleme precedent a ég. $\frac{1}{2}$d —— $\frac{1}{2}$b.

Et partant les deux costez seront 5 & 12. comme dauant.

Scholie.

Monsieur Viete collige les costez ainsi.

8 $\frac{1}{2}$ +- l. 12 $\frac{1}{4}$, & 8 $\frac{1}{2}$ -- l. 12 $\frac{1}{4}$.

Ces nombres irrationaux +- l12 $\frac{1}{4}$ & -- l12 $\frac{1}{2}$ se reduisent facilement en rationaux par la mesme table des 160 quarrez, ainsi

l 12 donne 3, 4641

$\frac{1}{4}$ donne 359

3, 5000

$8\frac{1}{4}$ donne 8 50300

12, 0000

Et puisque l 12 $\frac{1}{4}$ vaut $3\frac{1}{2}$ si on les oste de 8 $\frac{1}{2}$ qui sont nõbre absolu rationaux, il restera 5 pour le moindre costé.

Problemes des secondes racines.

Probleme VII.

Trois persõnes ont de l'argent, le premier dit au second, vous me donniez $\frac{1}{2}$ de vostre argent, i'auray 100 escus; le *second au troisiéme, si vous me donniez le $\frac{1}{3}$ de vostre argent i'auroy 100 escus; le troisiéme dit au premier, si vous me donniez $\frac{1}{4}$ de vostre argent, i'auroy 100 escus. On demande combien chacun auoit d'argent.*

Ie pose pour l'argent du premier A
Pour l'argent du second E
Et pour l'argent du troisiéme V

Donc $A + \frac{1}{2} E$ ég. 100

$E + \frac{1}{3} V$ ég. 100

Donc $V + \frac{1}{4} A$ ég. 100

Puis ie reduis la seconde racine en premiere, ainsi

$A + \frac{1}{2} E$ eg. 100

Antit. $-a$ $-a$

Et mult. le tout $\frac{1}{2} E$ eg. $100 - a$

par 2, i'ay E ég. $200 - 2a$

En apres ie pose l'argent du 1. A
& pour l'argent du secõd 200 — 2A
à quoy i'adioute $\frac{1}{3}$ de V, & i'ay

200 — 2a + $\frac{1}{3}$ V ég. 100
Antit. + 2a + 20

200 + $\frac{1}{3}$ V ég. 100 + 2a
Ant. — 100 — 100

100 + $\frac{1}{3}$ V ég. 2a
Ant. — 100 — 100

Isomer. $\frac{1}{3}$ V ég 2a — 100
V ég. 6a — 300

Maintenant ie reduis le troisiéme en premiere, posant pour l'argent du troisiéme 6a — 300
A quoy adioutant $\frac{1}{4}$ de l'argent du premier, l'ay 6a — 300 $\frac{1}{4}$ a ég. 100
ou par reduct. $\frac{25}{4}$ a — 300 ég. 100
Antit. + 300 + 300

par l'Isomene $\frac{2}{4}$ a ég. 400
Parabol. 25 a ég. 1600
a ég. 64

Donc le premier auoit 64 escus, & ostant le quart qui est 16, de 100, reste 84 pour l'argent du troisiesme; dont le troisiesme qui est le 28 estant osté de 100, reste 72, pour l'argent du second, dont la moitié 36, estant adioutez auec l'argent du premier 64, fait 100 escus

64 argent du 1.
36 $\frac{1}{2}$ du 2.
100
72 arg. du 2.
28 $\frac{1}{3}$ du 3
100
84 argent du 3
16 $\frac{1}{4}$ du 1
100

Probleme VIII.

On cherche deux nombres dont les quarrez ioins ensemble fussent 340; & les deux

nombres multipliez entr'eux produisent les $\frac{6}{7}$ du plus grãd quarré. Clauius Algebr. p. 385.

Ie pose pour le plus grand nõb. A,
& pour le moindre E

Dõc par l'hyp. A + Eq ég. 340
— aq — aq

Eq ég. 340 — aq

Et les deux nombres multipliez font ae ég. $\frac{6}{7}$ du plus grand quar. qui est aq

Et partant aq + Eq ég. $\frac{36}{49}$ q.
par l'Isomer. 49q + Eq ég. 36qq
Par l'hypot. 49 + E ég. 36q

Et enfin par la regle de proportion en reiettant le signe du q, du premier & troisiesme terme, ainsi Si 36 dõnent 49 aq, comb. 1? R. $\frac{49}{36}$

On trouue que $\frac{49}{36}$ aq ég. 1q.

Et partãt aq excede Eq, de $\frac{13}{36}$ q. Car $\frac{36}{36}$ fait Eq, lequel estant adiouté à $1\frac{49}{36}$ donne $\frac{85}{36}$ ou $2\frac{13}{36}$

Et veu que Eq ég. $340 - aq$

Ou Eq ég. $340 - \frac{49}{36} eq$

Antit. $+ \frac{49}{36}$ $+ \frac{49}{36}$

$Eq + \frac{49}{36}$ ég. 340

Ou $\frac{85}{36} Eq$ ég. 340

Et par le parab. Eq ég 144

raci. 12

Donc le moindre nombre est 12,

son quarré est, 144

qui oste de 340, reste . . . 196

dont la racine est 14. 14

12

pour le plus grand nombre, 28

lequel estant multiplié par 14

le moindre 12 produit 198. 168

qui fait les $\frac{6}{7}$ du plus grand quarré 196.

Probleme IX.

Deux hommes ont ensemble 500 escus, l'argent du second diuisé par l'argēt du pre-

mier fait au quotient 1 & demy, ou trois & demy. On demande combien chacun en a particulierement.

Ie pose pour l'argent du prem. A
& pour celuy du second E
parquoy a + e ég 500
—a —a

Sec. racine red en A. e ég. 500—a

Maintenant le nombre du second E, sçauoir 500—a estant diuisé par le nombre du premier, le quotient donne 500—a ég. 1 $\frac{1}{2}$ / a

cette equation estant a
red par l'hypsome. 500—a ég. 1 $\frac{1}{2}$ a
1000—2a ég. 3a
Antit. + 2a + 2a

1000 ég. 5a

Donc le premier a. 200 ég. a.

500
200

300 argent du second.

Autrement, selon le 3. zetetique du 1. liure des Zet. de Viete.

Soit l'argent des deux ensemble G 500, & la raison du moindre au plus grand R 2, ad S, 3.

Ie pose pour l'argent du pre. A
Donc l'argent du 2. sera 500—a
Parquoy, comme A, est à 500—a; ainsi R 2, est à S 3, lequel analogisme estant resolu

3 S eg, G 1000—2a
2 a +—2a

S 3+—2a ég. G 1000, ou 5 ég. 1000
a ég. 200
e ég. 300

PROBLEMES

Ou les equations montent au troisiéme degré parodique.

Probleme X.

Estant donnée la difference des cubes, & leur aggregé, trouuer les costez.

Soit la differẽce des cubes b, solide 316, & leur aggregé D, solide 370. Il faut trouuer les costez.

La solution de ce probleme est tout de mesme que celle du premier probleme; toutefois nous en mettrons icy la practique.

Analyse.

Ie pose pour le moindre costé aC
Donc le plus grand sera aC + b

& partát l'ag. des cot. 2ac + bég. d
Antit. —b —b

2 ac ég. d—b
Parab. ac eg. $\frac{1}{2}$d—$\frac{1}{2}$b

Donc aC vaut 27, & son costé 3 : Car la moitié de d est 185, & la moitié de B 158, laquelle estant ostée de celle-là 187, reste 27, pour le cube du moindre costé, lequel estant adiouté au solide de la defference b 316 donne 343 pour le cube du plus grand costé, qui est 7. Et ces deux cubes ensemble 27 & 343 font 370. l'aggregé des cubes D.

Scholie.

Ce problème est conforme au 14 zetet. du 3. liure des zetetiques de Viete, & à la premiere questiō du 4 liure de l'Arith. de Diophante, qui est telle.

Diuiser vn nombre donné en deux cubes, dont la somme

des costez soit donnée.

Probleme XI.

Estant donné le rectangle sous les costez, & l'aggregé des cubes, trouuer les costez.

Soit le rectangle sous les costez 10, & l'aggregé des cubes 133, il faut trouuer les costez.

Ostant le quadruple du cube du rectangle sous les costez, du quarré de l'aggregé des cubes, le reste donnera le quarré de la difference des cubes.

Or ceste difference des cubes estant connüe, auec leur aggregé, on trouuera facilement les costez par le precedent ou premier probleme, ainsi.

Ie multiplie premierement le cube de 10, qui est 1000 par 4, font 4000, pour le quadruple du cube du rectangle sous les costez, puis i'oste ce quadruple 4000 du quarré de l'aggregé des cubes 133, sçauoir de 17689, & reste 13689 qui est le quarré de la difference des cubes, dont le costé est 117.

Maintenant i'ay la difference des costez B 117, & leur aggregé D 133. Parquoy par le precedent, ou premier probleme ie cherche les costez ainsi,

Ie pose pour le moindre costé	a
Donc le plus grand sera	a + b
Et leur aggregé	2a + b ég. d
Antit.	— b — b
	2a ég. d — b
Et par le parab.	a ég. $\frac{1}{2}$ d — $\frac{1}{2}$ b

Et d'autant que d est 133 vn $\frac{1}{2}$ d sera $\frac{1}{2}$, dont ostant $\frac{1}{2}$ b 58 $\frac{1}{2}$. Il restera 8 pour le cube du moindre costé, qui est 2, par lequel diuisant le rectangle 10, le quotient donne 5 pour le plus grand costé, donc le cube est 125, à quoy adioutât 8 le moindre cube la somme, donne 131, pour leur aggregé, conforme au requis.

Probleme XII.

Estant donnée la difference des extremes, & la difference des moyennes en la suite de quatre lignes continuellement proportionnelles, trouuer les quatre proportionelles.

Soit la difference des extremes D 7. & la difference des moyẽnes B 2. Il faut trouuer les quatre proportionelles.

Ie pose pour l'aggregé des extremes. A

Donc la maieure extreme double sera $a + d$

Et la mineure extr double $a - d$

Parquoy le plan sous $A + d$, & $A - d$ sera $aa - dd$

par lequel multipliant 4

la

la maieure extreme, il viendra le cube de la moyenne ma. $\frac{ac + daa - add - dc}{4}$

Et multipliant la mineure, il viendra le cube de la moyenne mineure. Et multipliant la difference de l'vne & l'autre extreme, il viendra la difference des cubes entre les moyennes.

Parquoy $\frac{daa - dc}{4}$ est égal à la difference des costez, le reste sçauoir $\frac{daa - dc - bc4}{4}$ sera égal au triple solide sous la difference des costez par le rectangle sous les costez.

Partant $\frac{daa - dc - bc4}{4}$ est égal au triple solide sous la difference des moyennes B, par le rectãgle sous les moyennes, sçauoir

$$\frac{baa \text{ — } bdd}{4}$$

Ceste equation estant deuëment ordõnée

$$\frac{dc + bc4 \text{ — } bdd}{d \text{ — } b} \text{ ég. } aa$$

Autrement.

Soit l'aggregé des extremes A

Dõc la maieure doub. sera $a + d$

& la moindre extr. double $a - d$

Et partant la maieure extr. $\frac{a + d}{2}$

Et la moindre extreme $\frac{a - d}{2}$

Le rectangle sous les extremes est $\frac{aa - dd}{4}$

Lequel estant multiplié par la difference des extremes. D.

Il en vient la difference

des cubes des moyénes. $\frac{daa - de}{4}$

Dont ostant B cube de la difference des moyénes, le reste sçàuoir $\frac{daa - de - bc}{4}$

sera égal au triple solide, qui se fait du produit sous les moyennes, ou extremes par la difference des moyennes, à sçauoir $\frac{bba - bdd\ 3}{4}$

Ou $\frac{6aa - 6dd}{4}$

Et d'autant quèles deux parties de l'equation ont vn mesme dominateur, leur numerateur sera aussi égal.

Et estant reduites en nombre on aura

$$7aa - 375 \text{ ég. } 6a - 294$$

Antit. $+ 375 \qquad + 375$

$$7aa \text{ ég. } 6aa + 81$$

$$- 6aa \qquad - 6aa$$

$$aa \text{ ég. } 81$$

$$a \text{ ég. } 9$$

Donc A, qui est la somme des extremes sera 9. dont estant la difference des extremes 7, reste 2, sa moitié 1, est la premiere des quatre proportionelles, & partant la seconde sera 2, la troisiesme 4, & la quatriéme 8.

Le tout soit pour la gloire de Nostre Seigneur par tous les siecles des siecles.

FIN.

Erreurs de l'Impression.

Page 25. ligne 6. lisez cõuenable.

p. 26. l. 21. lis. A cube moins B.

p. 41. l. 13. lis. soustrait $\frac{\text{Zq de Apl.}}{\text{G} \quad \text{B}}$

le reste sera Apl. par G + Zq par B

B par G.

p. 42. l. 8. lis. $\frac{\text{Apl. par zq}}{\text{B} \quad \text{G}}$

p 45. l. 10. lis. a + b + a — d

p. 49. au dernier ex. lis. $\frac{b + c + d}{a}$ / ab + ac + da

p. 59. l. 17. lis. aq — dpl.

p. 66. l. 19 lis antit. — ba : — ba

p. 62. l. 13. lis. aC + ba ég. zpl. A.

p. 65. l. 3. lis. baq + dpl.

p. 71. l. 3 lis Analyse.

p. 97. l. 4 le produit de BF en GF, & encor de BF en FG:

p. 97. l. 12 lis. de BF en FG. & l. 19 lis. la diminution, & l. 24. lisez difference.

p. 99 l. 23 [illegible] ostez, & de BF en FB

p. 103. l. 18. lis. IA, c'est à dire E moyenne proportionelle entre icelles.

p. 105. l. 10. Et le mesme quarré.

p. 111. l. 5. lis. dont le quarré est egal à l'aggregé &c.

p. 122. l. 4. lis. pour ceste cause il est.

p. 12[illegible] l. 8. lis. Estant donnée l'hyp.

p. 1[illegible] l. 3. lis. D 36.

p. 155. l. 18. lis. 42.

p. 157. derniere ligne, Clyte.

www.ingramcontent.com/pod-product-compliance
Ingram Content Group UK Ltd.
Pitfield, Milton Keynes, MK11 3LW, UK
UKHW051020210726
13857UKWH00006B/615

9 782012 942592